Albert Alomba A.

A evolução dos seres vivos

Albert Alomba A.

A evolução dos seres vivos

Quarto ano de Ciências

ScienciaScripts

Imprint

Any brand names and product names mentioned in this book are subject to trademark, brand or patent protection and are trademarks or registered trademarks of their respective holders. The use of brand names, product names, common names, trade names, product descriptions etc. even without a particular marking in this work is in no way to be construed to mean that such names may be regarded as unrestricted in respect of trademark and brand protection legislation and could thus be used by anyone.

Cover image: www.ingimage.com

This book is a translation from the original published under ISBN 978-620-6-72424-7.

Publisher:
Sciencia Scripts
is a trademark of
Dodo Books Indian Ocean Ltd. and OmniScriptum S.R.L publishing group

120 High Road, East Finchley, London, N2 9ED, United Kingdom
Str. Armeneasca 28/1, office 1, Chisinau MD-2012, Republic of Moldova, Europe
Printed at: see last page
ISBN: 978-620-8-17661-7

Ciências da vida e da terra

Albert ALOMBA A.

A EVOLUÇÃO DOS SERES VIVOS

Quarto ano de Ciências

agosto de 2024

DO MESMO AUTOR

ᵉᵐᵉBiologia celular para o 3 ano de humanidades científicas

Abordagem da variabilidade biológica para os alunos do sexto ano do nível avançado

ᵉʳᵉQuímica para o 1.º ano de humanidades científicas

ᵉᵐᵉQuímica para o 3 ano de humanidades científicas

ᵉᵐᵉQuímica para o 4 ano de humanidades científicas

Ecologia para estudantes de ciências humanas

ᵉᵐᵉEvolução dos seres vivos para o 4 ano de ciências humanas

Introdução à geologia para estudantes de ciências e humanidades

Introdução à taxonomia para estudantes das ciências humanas

População e recursos naturais para o sexto nível avançado

Revisão da fisiologia vegetal para estudantes de nível sénior e avançado

ᵉᵐᵉSVT para o 3.º ano de humanidades científicas

ᵉᵐᵉSVT para o 4.º ano de humanidades científicas

SVT para o ensino básico de grau 8

ᵉᵐᵉSVT para o 7º ano do ensino básico

Trabalhos práticos de biologia para estudantes de ciências e humanidades

Índice

PREFÁCIO

L'évolution des êtres vivants é um livro destinado aos estudantes do quarto ano de ciências humanas que se preparam para os exames de Estado. na República Democrática do Congo.

O conteúdo concetual do livro está dividido em quatro capítulos, pela ordem em que são apresentados: uma introdução ao transformismo, os mecanismos da evolução, os argumentos a favor da evolução e as teorias que explicam a evolução.

L'évolution des êtres vivants, para o quarto ano das ciências humanas, está escrito em francês corrente, num estilo simples mas completo, para que mesmo os alunos que não têm o francês como língua materna o possam utilizar.

Todos os pontos principais definidos no programa oficial são abordados em profundidade, com muitas ilustrações e perguntas de revisão.

Cabe ao professor responsável pela disciplina de Ciências da Vida e da Terra do quarto ano das Humanidades Científicas ser engenhoso na seleção dos temas que podem ser desenvolvidos para os alunos da secção científica e daqueles que não podem ser desenvolvidos para os alunos de outras secções, como a secção pedagógica ou literária.

Gostaríamos de aproveitar esta oportunidade para agradecer a todos os nossos colegas da profissão de professor de ciências da vida e da terra que, através das suas críticas positivas, terão a amabilidade de melhorar as futuras edições deste livro.

Os dados de contacto, incluindo endereços electrónicos e números de telefone, constam da última página deste livro.

Albert ALOMBA

CAPÍTULO 1: INTRODUÇÃO AO TRANSFORMISMO

1.1 FIXISMO OU TRANSFORMISMO

1.1.1 FIXISMO

Até ao século XVIII, os cientistas acreditavam que a Terra tinha sido sempre povoada pela mesma flora e fauna que tem atualmente. Esta era a doutrina fixista.

Assim, para explicar a origem das espécies vivas, uns apelaram **ao Criacionismo**, outros à **Geração Espontânea**.

1.1.1.1 CRIACIONISMO

A doutrina de que **Deus criou tudo**. Na Bíblia, por exemplo, lemos isto no capítulo 1, versículo 1, do Génesis: No princípio, Deus criou o céu e a terra. Ou no Apocalipse, capítulo 4, versículo 11: Tu és digno, Jeová, nosso Deus, de receber a glória, a honra e o poder, porque criaste todas as coisas, e por tua vontade elas vieram a existir e foram criadas, fim de citação.

1.1.1.2 GERAÇÃO ESPONTÂNEA

Trata-se do **aparecimento espontâneo**, súbito e imprevisível de seres vivos a partir de matéria não viva em condições ambientais favoráveis.

Eis alguns defensores do fixismo:

GEOFFROY-SAINT HILAIRE: (francês, 1772-1844) criou a embriologia, lançando as bases da anatomia comparada.

Etienne Geoffroy Saint-Hilaire
(1772-1844)

GEORGES CUVIER: (Francês, 1769-1832) criou a paleontologia, a ciência que estuda os fósseis. Estabeleceu o princípio da correlação de órgãos.

A sua **hipótese** é a seguinte: a forma de um órgão leva à forma dos outros, pelo que, se conhecermos apenas uma parte de um animal, isso deve permitir-nos encontrar a organização das outras partes do mesmo animal. Isto é verdade, e as partes e fragmentos fósseis também podem ser utilizados.

Georges Cuvier
(1769-1832)

1.1.2 TRANSFORMISMO

èmeNo início do século XIX, começou a surgir a ideia do **transformismo**, ou evolução, segundo a qual as formas de vida actuais derivam de formas mais antigas e mais simples. Para os evolucionistas, a ideia do transformismo é a única explicação científica para as caraterísticas fundamentais do mundo atual e do passado.

O francês **Lamarck**, o inglês **Darwin** e o holandês **Hugo De Vries** estão entre os defensores da doutrina da evolução.

Outras teorias nasceram na tentativa de encontrar a origem do mundo vivo:

A **teoria sintética da evolução é** uma espécie de síntese entre o lamarckismo, o darwinismo e o mutacionismo, rejeitando a hereditariedade das caraterísticas adquiridas de Lamarck.

A teoria celular, a noção de que a célula viva é a unidade fundamental de todos os organismos vivos animais e vegetais, nasceu em 1839 dos trabalhos de M.J. SCHLEIDEN (botânico: 1804-1881) e T. SCHWAN (Zoólogo: 1810-1880).

Matthias Jacob Schleiden
(1804-1881)

Theodor Schwann
(1810-1880)

A teoria celular estabelece uma ponte entre os seres vivos mais díspares. Esta teoria foi completada por Rudolf VIRCHOW (1821-1902) com o seu **postulado** *"Omni cellula e cellula"*.

Rudolf VIRCHOW
(1821-1902)

De acordo com a **teoria da** relatividade geral, um Universo em expansão deve ter começado com um Big Bang, o que implica a finitude do **tempo**, que surgiu simultaneamente com o **espaço** e **a matéria-energia**. Este ponto de vista mudou nos últimos anos.

Figura 1.1 *O big bang*

O padre católico Abbé **Georges Lemaitre** (astrónomo e físico belga) é o autor da teoria **do Big Bang**. Em 1927, foi o primeiro a propor que o universo começou com uma explosão.

Georges Lemaitre
(1894-1966)

Edwin Hubble (astrónomo e físico americano) encontrou provas experimentais para apoiar a teoria de Lemaître. Descobriu que as galáxias distantes se afastam de nós em todas as direcções com velocidades proporcionais à sua distância.

Edwin Hubble
(1889-1953)

Três conceitos emergem desta apresentação da **evolução**:
- A vida surgiu na Terra há milhões de anos, através da interação de forças físico-químicas que actuam de acordo com as leis do acaso.
- Esta vida começou por se materializar de forma rudimentar, tendo-

se tornado gradualmente mais complexa ao longo dos tempos, sempre de acordo com as leis do acaso. Por conseguinte, as formas de vida foram-se modificando. Espécies deram origem a outras espécies, diferentes das primeiras e mais bem organizadas.

- A ideia de progresso é lenta: a vida eleva-se do inorgânico ao orgânico, do simples ao complexo, da gelatina primitiva ao homem, através das mais diversas formas.

1.2 ORIGEM DE UMA TEORIA

De acordo com a teoria da evolução, a evolução ou mudança ao longo do tempo é o processo pelo qual o organismo moderno descende de um organismo antigo e primitivo.

As bases para a moderna teoria da evolução foram lançadas nos anos 1700 e 1800.

1785: **James Hutton**. Hutton propôs que a Terra foi moldada por **forças geológicas** que ocorreram durante períodos de tempo extremamente longos. Acredita que a Terra tem milhões e não milhares de anos.

James Hutton
(1726 à 1797)

1798: Thomas Malthus

No seu ensaio sobre o *princípio da população*, Malthus previu que as populações humanas iriam crescer mais rapidamente do que o espaço e os recursos alimentares poderiam suportar.

Thomas Malthus
(1766-1834)

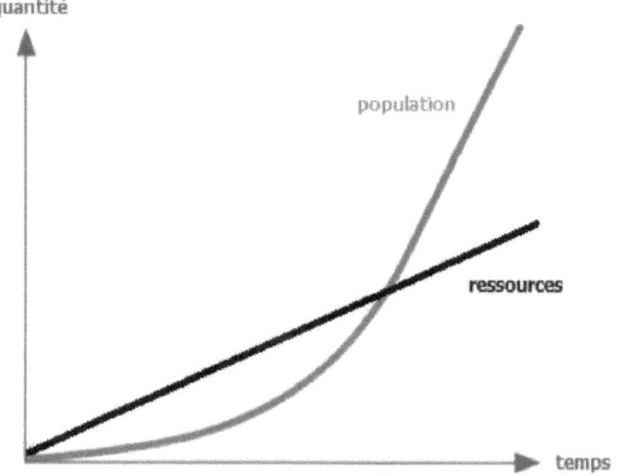

Figura 1.2 *Gráfico de Malthus*

1809: Jean-Baptiste Lamarck

Jean-Baptiste de Lamarck
(1744-1829)

Em *Filosofia Zoológica*, Lamarck publicou as suas hipóteses sobre a hereditariedade dos caracteres adquiridos. As suas ideias tinham falhas, mas foi um dos primeiros a propor um mecanismo para explicar como os organismos mudam ao longo do tempo.

1831: Charles Darwin

Charles Darwin
(1809-1882)

Darwin embarcou no H.M.S. Beagle, uma viagem que lhe forneceria grandes quantidades de provas que conduziram à teoria da evolução. Darwin publicou as suas ideias no seu livro *A Origem das Espécies* (1859).

NB HMS é um navio da Royal Navy, Her Majesty's Ship ou His Majesty's Ship.

Figura 1.3 *HMS Beagle*

1833: Charles Lyell

No segundo e último volume de *Princípios de Geologia,* **Lyell** explica que os processos que ocorrem atualmente moldaram as caraterísticas geológicas da Terra durante um longo período de tempo.

Charles Lyell
(1767-1849)

1858: Alfred Wallace

Alfred Russel Wallace
(1823 -1913)

Wallace escreveu a Darwin, especulando sobre a evolução por seleção natural com base nos seus estudos sobre a distribuição de plantas e animais. Darwin e Wallace apresentaram conjuntamente a sua *teoria da evolução e da seleção natural* à Linnaean Society em 1858.

1910: Hugo De Vries

Hugo De Vries
(1848-1935)

Em *Die mutations,* De Vries apresenta a sua teoria evolutiva das mutações.

1.3 A ORIGEM DA VIDA 1.3.1 BIOGÉNESE

O princípio da **biogénese**, segundo o qual todos os seres vivos provêm de outros seres vivos, parece hoje muito razoável. No entanto, antes do século XVII, pensava-se geralmente que os seres vivos também podiam surgir do ambiente não vivo, por um processo conhecido como **geração espontânea,** se esse ambiente oferecesse condições favoráveis.

Isto parecia explicar o aparecimento de larvas na carne em decomposição e o aparecimento de peixes em lagos que tinham sido drenados na época anterior - as pessoas pensavam que a lama poderia ter dado origem aos peixes.

Os cientistas realizaram experiências controladas para tentar compreender melhor o processo de geração espontânea.

EXPERIÊNCIAS DE REDI

O cientista italiano Francisco Redi observou e descreveu as diferentes formas de desenvolvimento das moscas.

Francesco Redi
(1626-1697)

Na experiência de Redi, as larvas só foram encontradas nos vasos de controlo, pois este era o único local onde as moscas adultas podiam chegar à carne para pôr os ovos.

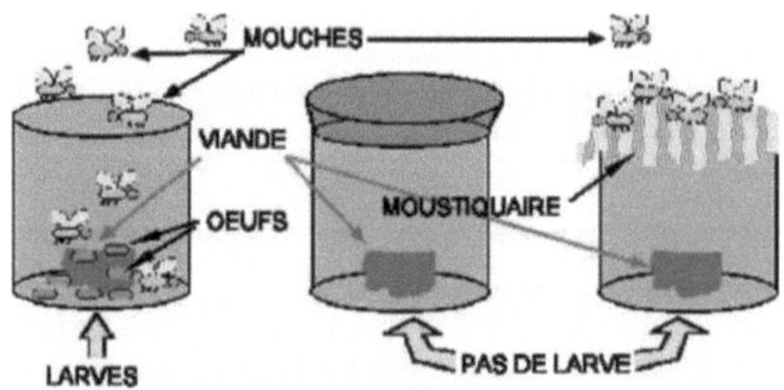

Figura 1.4 *Experiência Redi*

A EXPERIÊNCIA DE JOHN NEEDHAM

Para apoiar a teoria da geração espontânea, Needham publicou os resultados das suas experiências. Estas consistiam em deitar um caldo de carne numa tigela, fechar hermeticamente a tigela - segundo ele - e depois aquecê-la mergulhando-a durante alguns instantes em cinzas quentes.

John Needham
(1731-1781)

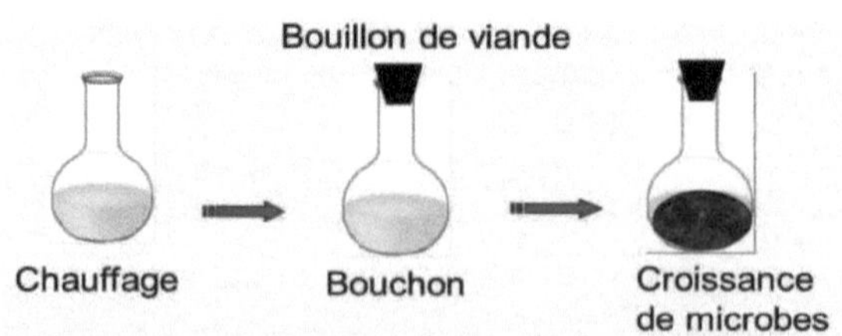

Figura 1.5 *A experiência errónea de Needham*

A EXPERIÊNCIA DE SPALLANZANI

Em 1700, outro cientista italiano, Lazzaro Spallanzani, concebeu uma experiência para testar a hipótese da geração espontânea.

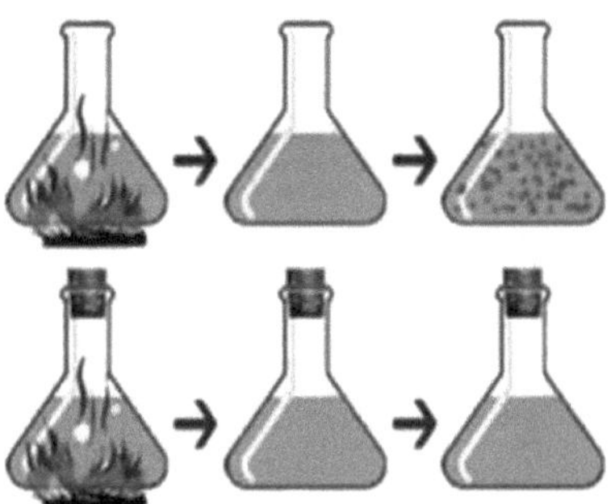

Lazzaro S pa l l anzani (1729-1799)

Na experiência de Spallanzani, ele ferveu caldo de carne em garrafas abertas e depois selou as garrafas do grupo experimental derretendo os gargalos de vidro das garrafas fechadas. O caldo no seu interior não foi contaminado por microrganismos.

Figura 1.6 *Experiências de Spallanzani*

A EXPERIÊNCIA PASTEUR

Em meados do século XIX, a controvérsia sobre a geração espontânea tornou-se feroz. A Academia de Ciências de Paris ofereceu um prémio a quem conseguisse esclarecer o problema de uma vez por todas. O vencedor do prémio foi o cientista francês **Louis Pasteur** (1822-1895).

Na experiência de Pasteur, um frasco com um gargalo curvo, mas aberto, impedia a entrada de microrganismos. O caldo fervido nos frascos só era contaminado com microrganismos quando os gargalos curvos eram retirados dos frascos.

Louis Pasteur
(1822-1895)

Louis Pasteur pôs fim ao debate sobre a abiogénese com a sua experiência do balão de pescoço de cisne. É o pai da **microbiologia**.

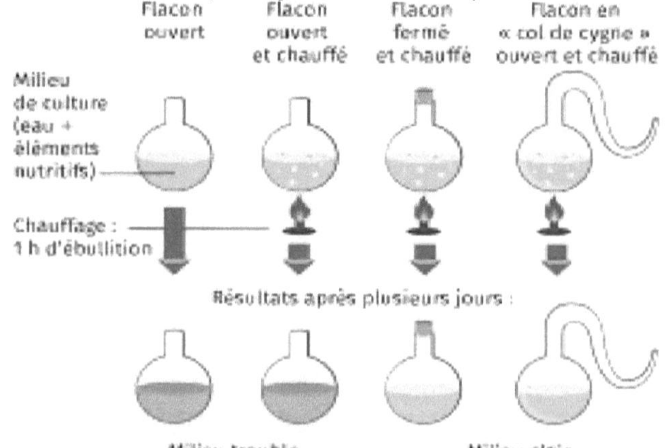

Figura 1.7 *Trabalho de Pasteur sobre a geração espontânea, 1864.*

1.3.2 ORIGEM DA ÁGUA NA TERRA

A **origem da água** na Terra ainda não foi elucidada. Existem também teorias concorrentes sobre a forma como a água surgiu na Terra. Uma teoria é que os cometas, alguns dos quais contêm gelo, se afundaram na Terra e forneceram toda a nossa água.

É verdade que a Terra primitiva era regularmente bombardeada por **asteróides, cometas** e **meteoros**. Se isso resultou nos oceanos da Terra é menos certo. A escola de pensamento concorrente acredita que a água já estava presente na Terra quando esta se formou. Dado que a água não é totalmente escassa no espaço, é possível que isto também esteja correto.

A água na Terra primitiva era um pouco diferente da que temos atualmente. Os primeiros oceanos eram, tal como hoje, salgados. Os cientistas acreditam que os primeiros oceanos eram cerca de 1,2 a 2 vezes mais salgados do que os nossos oceanos actuais. O sal dos mares provinha principalmente da atividade vulcânica e das rochas vulcânicas submarinas. Esta atividade vulcânica também ajudou a criar água doce. É provável que as cadeias de ilhas vulcânicas tenham sido reunidas pelo movimento das placas tectónicas e formado o núcleo dos primeiros continentes. Uma vez que existiam extensões de terra, a água doce acumulou-se.

A formação dos oceanos da Terra foi eventualmente seguida pela primeira vida na Terra. As primeiras formas de vida na Terra puderam existir graças à água.

1.3.3 OS PRIMEIROS COMPOSTOS ORGÂNICOS

Pensa-se que todos os elementos encontrados nos compostos orgânicos existiam na Terra e no resto do sistema solar quando a Terra se formou.

Alexander Oparin
(1894-1980)

Em 1923, o cientista soviético **Alexander Oparin** (1894-1980) suspeitava que a atmosfera da Terra primitiva era muito diferente da atual. Oparin acreditava que a atmosfera primitiva continha amoníaco NH_3, hidrogénio gasoso H_2, vapor de água H_2O e compostos de hidrogénio e carbono, como o metano CH_4.

A uma temperatura muito superior ao ponto de ebulição da água, estes gases poderiam ter formado compostos orgânicos simples, como os aminoácidos.

Segundo **Oparin**, quando a Terra arrefeceu e o vapor de água se condensou para formar os lagos e o mar, estes compostos orgânicos simples ter-se-ão acumulado na água.

Com o tempo, estes compostos podem ter entrado em reacções químicas complexas, alimentadas pela energia dos relâmpagos e da radiação ultravioleta. Segundo Oparin, estas reacções acabaram por dar origem às macromoléculas essenciais à vida, como as proteínas.

1.3.4 SÍNTESE EXPERIMENTAL DE COMPOSTOS ORGÂNICOS: A EXPERIÊNCIA DE MILLER E UREY

Oparin desenvolveu cuidadosamente as suas hipóteses, mas não realizou quaisquer experiências para as testar. Assim, em 1953, um estudante americano **Stanley Miller** (1930-), e o seu professor **Harold Urey** (1893-1981), montaram uma experiência utilizando as hipóteses de Oparin como ponto de partida.

Stanley Miller
(1930-2007)

A experiência **de Miller-Urey** e outras variantes que se seguiram produziram uma variedade de compostos orgânicos, incluindo aminoácidos.

Desde os anos 50, os cientistas têm continuado a explorar a origem de compostos orgânicos simples, incluindo vários aminoácidos, ATP e os nucleótidos do ADN. Resultados como estes sugerem numerosas formas através das quais os compostos orgânicos vitais se poderiam ter formado na jovem Terra.

Harold Urey
(1893-1981)

Sidney Fox (1912-) e outros realizaram uma investigação aprofundada sobre as estruturas físicas que podem ter dado origem às primeiras células.

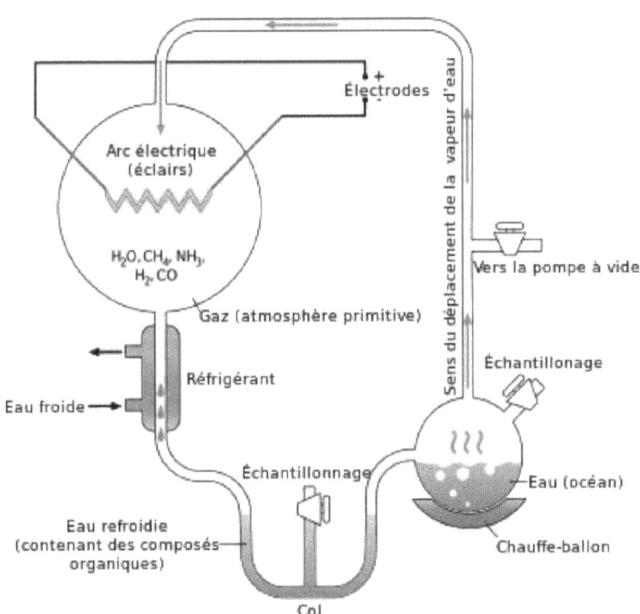

Figura 1.8 *Experiência de Miller-Urey*

1.3.5 OS PRIMEIROS PROCARIONTES

Quando os **primeiros organismos** apareceram, havia pouco ou nenhum gás oxigénio. Assim, as primeiras células devem ter sido anaeróbias. O tamanho reduzido do microfóssil mais antigo indica que estas primeiras células eram **procariotas**. Estas células eram provavelmente heterotróficas, absorvendo moléculas orgânicas do seu ambiente.

Os primeiros autótrofos, no entanto, não eram provavelmente tão dependentes da fotossíntese como a maioria dos autótrofos são atualmente. Se olharmos para os organismos vivos que podem ser semelhantes a estes primeiros organismos, encontramos **as arqueas**.

As Archaea são um reino de organismos unicelulares, muitos dos quais se desenvolvem em condições ambientais extremamente adversas. *A Methanosarsina barkeri, por exemplo*, vive em sedimentos marinhos anaeróbios. Muitas espécies de arqueobactérias são autótrofas que obtêm energia por **quimiossíntese**, em vez de fotossíntese. No processo de quimiossíntese, o CO_2 é utilizado como fonte de carbono para a formação de moléculas orgânicas. A energia é obtida a partir da oxidação de várias substâncias inorgânicas, como o enxofre.

A fotossíntese e a respiração aeróbica, o oxigénio, um subproduto da fotossíntese, danificou muitos dos primeiros organismos unicelulares. Em alguns organismos, o oxigénio podia destruir certas coenzimas essenciais ao funcionamento celular, mas **liga-se** a outros compostos, impedindo-o de causar danos. Esta **ligação** foi um dos primeiros passos da respiração aeróbica.

Assim, uma das primeiras funções da respiração aeróbica pode ter sido a de evitar a destruição de compostos orgânicos essenciais pelo oxigénio.

Algumas formas de vida tornaram-se fotossintéticas há 3 mil milhões de anos. Em meados da década de 1990, os cientistas descobriram vestígios de carbono em formações geológicas ao largo da costa da Gronelândia.

Os microfósseis com 3,5 mil milhões de anos encontrados na Austrália são provavelmente organismos unicelulares fotossintéticos relacionados com **as cianobactérias modernas**, um grupo de procariotas unicelulares fotossintéticos.

Foram necessários mil milhões de anos ou mais para que os níveis de oxigénio gasoso atingissem os níveis actuais. O oxigénio, O_2, acabou por atingir a atmosfera superior, onde foi bombardeado pela luz solar. A luz solar pode dividir o O_2 para formar átomos de oxigénio simples altamente reactivos O.

Estes reagem com o O2 para formar o ozono, o3.

O ozono **é tóxico para a** vida vegetal e animal, mas na atmosfera superior uma camada de ozono absorve a intensa radiação ultravioleta do sol. Os raios UV danificam o ADN e, sem a proteção da camada de ozono, a vida não poderia existir na Terra.

1.3.6 OS PRIMEIROS EUCARIOTAS

As células eucarióticas diferem das células procarióticas em vários aspectos. As células eucarióticas são maiores. O seu ADN está organizado em cromossomas no núcleo da célula e contêm organelos rodeados por uma membrana (núcleo, mitocôndrias, cloroplastos, RE, vacúolo, aparelho de Golgi, etc.).

Um grande número de provas sugere atualmente que, há cerca de 20 a 15 mil milhões de anos, um tipo de pequeno procariota aeróbio entrou e começou a viver e a reproduzir-se em procariotas aeróbios maiores (**fagócito primitivo**).

Lynn Margulis
(1938-2011)

A investigadora **Lynn Margulis** (1938-2011) sugeriu que o que pode ter começado como uma invasão se transformou numa relação frutuosa e mutuamente benéfica, denominada endossimbiose. Pensa-se que o procariota aeróbico acabou por dar origem às **mitocôndrias** modernas, que são o local da respiração aeróbica nas células eucarióticas.

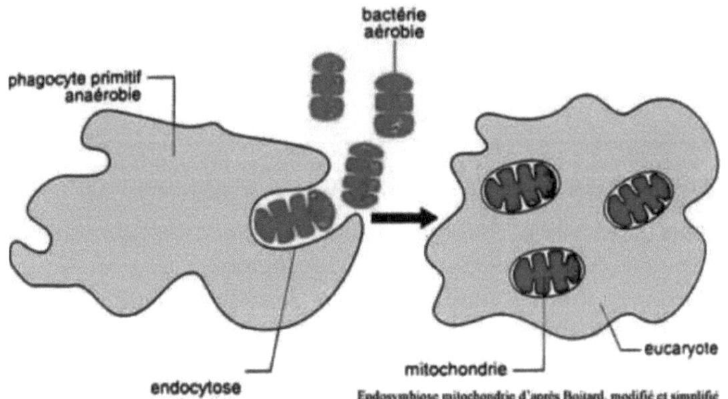

Figura 1.9 *Teoria endossimbiótica, origem das mitocôndrias.*

Algum tempo depois, registou-se uma segunda invasão bem sucedida de células eucarióticas. Desta vez, o invasor era um parente das cianobactérias fotossintéticas modernas. Estes invasores acabaram por dar origem aos **cloroplastos**, os locais da fotossíntese.

Existem provas convincentes para apoiar esta hipótese **de evolução eucariótica**, tanto dos cloroplastos como do ciclo de replicação da célula que os contém.

Para além disso, os cloroplastos e as mitocôndrias contêm algumas das suas origens, que são diferentes das do resto da célula. Estes genes encontram-se nos próprios organelos, num pedaço de ADN circular, um arranjo caraterístico do ADN procariótico duro e não eucariótico.

Este processo, que está na origem da mitocôndria e do cloroplasto, chama-se **adoção simbiótica**. Mas, tendo perdido um certo número de genes importantes, os dois organelos já não podem deixar a célula hospedeira e viver independentemente dela.

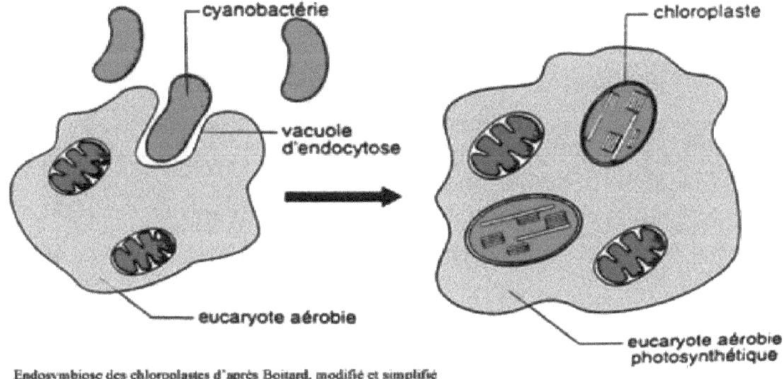

Figura 1.10 *Teoria endossimbiótica, origem dos cloroplastos.*

1. Explicar os seguintes conceitos: fixismo, criacionismo, geração espontânea, big bang, biogénese e teoria endossimbiótica.
2. Cite alguns defensores do fixismo.
3. Cite alguns defensores do transformismo.
4. No contexto do transformismo, indique a contribuição de cada um dos seguintes cientistas: Georges Lemaire, Edwin Hubble, James Hutton, Charles Lyell, Thomas Malthus, Jean-Baptiste de Lamarck, Charles Darwin, Alfred Russel Wallace, Hugo De Vries.
5. Descrever as experiências dos seguintes cientistas na luta contra a geração espontânea: John Needham, Francesco Redi, Lazzaro Spallanzani e Louis Pasteur.
6. Resumir as ideias de Alexander Oparin e descrever a experiência de Stanley Miller.
7. Como se explica a teoria endossimbiótica?
   (Teoria de Lynn Marguillis, caso do cloroplasto)

CAPÍTULO 2: MECANISMOS DE EVOLUÇÃO

2.1 A VARIAÇÃO

A variação é a diferença de caraterísticas entre indivíduos da mesma espécie ou população natural.

A variação apresentada pelos membros de uma espécie pode dever-se a :

- Diferenças no património genético

- Condições ambientais

-   A interação entre influências genéticas e ambientais.

2.1.1 GRAU DE VARIAÇÃO

- A variação é uma importante fonte de matéria-prima para a evolução.

- Uma população com um fenótipo semelhante pode sobreviver num ambiente estável e ótimo, mas extinguir-se-á se o ambiente mudar.

- A variação aumenta a capacidade de sobrevivência de uma espécie num ambiente em mudança. Existe uma maior probabilidade de certos indivíduos de uma população serem capazes de tolerar uma determinada alteração ambiental. Esses indivíduos podem sobreviver e reproduzir-se para transmitir a sua população aos seus descendentes.

- Uma população com fenótipos diferentes pode ser capaz de habitar uma maior variedade de habitats e nichos.

- A seleção natural aumentará a frequência dos que são vantajosos em gerações sucessivas. Durante um longo período de tempo, as diferenças genéticas acumuladas podem levar à especiação (o desenvolvimento de uma ou mais espécies novas a partir de uma espécie existente).

- Uma população com baixa diversidade tem uma capacidade reduzida de se adaptar às alterações ambientais. Este facto pode levar à extinção da população e, eventualmente, da espécie como um todo.

2.1.2 FONTES DE VARIAÇÃO

A variação pode provir de fontes genéticas ou de factores ambientais.

2.1.2.1 FONTES GENÉTICAS

As principais fontes genéticas de variação são :

- Seleção aleatória/independente de cromossomas homólogos e, por conseguinte, de alelos, que ocorre durante a metáfase da meiose.

- O cruzamento entre cromátides não irmãs de cromossomas homólogos durante a meiose produz novas combinações de alelos.

- A interação aleatória entre organismos de uma espécie durante a reprodução sexual cria novas combinações, novos genótipos de genes e, por conseguinte, novos fenótipos (variantes) na população.

- A fusão aleatória dos gâmetas masculinos e femininos durante a fertilização é também uma fonte de variação.

- Mutação cromossómica.

- Mutação genética.

A mutação é a fonte mais importante de variação porque produz novos alelos que podem depois ser combinados de diferentes formas com os genótipos existentes.

2.1.2.2 FACTORES AMBIENTAIS

Os principais factores ambientais e influências na variação são :

- Em muitos casos, a variação do fenótipo causada pela combinação de alelos é também influenciada pelo ambiente.

- Exemplos de factores ambientais que podem afetar o fenótipo dos indivíduos de uma população são: clima, como a luz, a temperatura e a humidade; tipo de alimento/nutriente; água; factores edáficos.

- A variação fenotípica devida à variação ambiental não pode ser herdada.

- No entanto, a seleção ambiental pode levar a uma alteração da frequência dos alelos genéticos numa população. Por exemplo, uma mudança no ambiente que leve a uma diminuição da temperatura ambiental favorecerá a sobrevivência e a reprodução de uma população de ursos com uma pelagem mais espessa e uma maior capacidade de manter a sua temperatura corporal.

2.1.3 TIPOS DE VARIAÇÃO

Numa população natural, existem dois tipos principais de variação: variação contínua e variação descontínua.

2.1.3.1 VARIAÇÃO CONTÍNUA OU HERANÇA QUANTITATIVA

- Não existe uma diferença claramente definida nas caraterísticas.

- As caraterísticas variam continuamente de um extremo ao outro, sendo que a maioria dos indivíduos tem um fenótipo intermédio entre os extremos.

- Os traços são controlados pelo efeito aditivo dos genes ou poligenicidade e são designados por traços poligénicos.

- Exemplos disso são a altura, o peso corporal e a cor da pele nos seres humanos.

2.1.3.2 VARIAÇÃO DESCONTÍNUA OU VARIAÇÃO QUALITATIVA

A variação descontínua ocorre quando uma caraterística está presente ou ausente; não existem formas intermédias.

- A variação descontínua define claramente as diferenças em determinadas caraterísticas que podem ser observadas numa população.

- Não tem uma curva de distribuição normal, mas é classificada em dois ou mais grupos distintos, sem formas intermédias.

- Variação descontínua geralmente determinada por diferentes alelos do mesmo gene.

- A expressão fenotípica não é geralmente afetada pelas condições ambientais.

- Exemplos de caraterísticas humanas que apresentam variação descontínua são: Grupo sanguíneo ABO humano, enrolar a língua (pode ou não pode), formas básicas de impressões digitais humanas, capacidade de provar produtos químicos amargos feniltiocarbamida (PTC), provador ou não provador, ...

Quadro 2.1 *Comparação entre variação contínua e descontínua*

	VARIÁVEL CONTÍNUA	VARIAÇÃO DESCONTÍNUA
Caraterísticas Exemplos	- Não categorias separado - Sem limite entre valores - Tendência para ser quantitativo - Tamanho - Peso - Frequência cardíaca - Comprimento dos dedos - Comprimento da folha	- Categorias separadas - Não categorias intermediários - Tendência para ser qualitativo - Grupos sanguíneos ABO humanos - Enrolar a língua (pode ou não pode) - Formas básicas das impressões digitais humanas - Capacidade de provar os produtos produtos químicos amargos feniltiocarbamida (PTC), com ou sem provador,
Gráficos	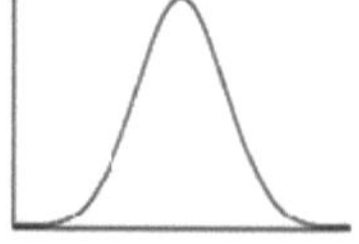 Gráfico de linhas	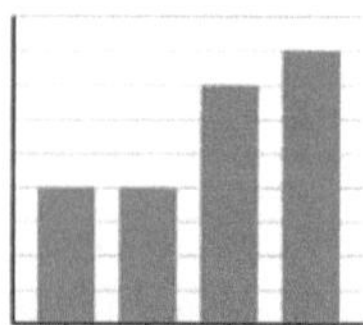 Gráfico de barras Variação descontínua geralmente determinada por diferentes alelos do mesmo gene.
Controlo	As caraterísticas são controladas pelo efeito aditivo de vários genes e são designadas por poligénico.	

2.2 SELECÇÃO

2.2.1 DEFINIÇÃO DE SELECÇÃO

A seleção é o processo pelo qual um ou mais factores que actuam sobre os diferentes fenótipos de uma população produzem uma mortalidade diferencial e favorecem a transmissão de alelos às gerações seguintes.

Estes podem conferir vantagens à descendência quando expressos como fenótipos.

Existem dois tipos de seleção: a seleção natural e a seleção artificial.

2.2.2 SELECÇÃO NATURAL

O agente da seleção natural é o ambiente.

Os organismos vivos têm um enorme potencial reprodutivo para produzir mais descendentes que possam eventualmente sobreviver.

No entanto, a população natural tende a permanecer mais ou menos constante porque os factores ambientais, como a disponibilidade de alimentos, espaço ou luz, podem limitar a dimensão de uma população.

Há uma luta constante pela existência; a luta pela vida (competição intra-específica e interespecífica).

Existe uma variação nos genótipos e, consequentemente, nos fenótipos entre os indivíduos de uma população.

As variantes mais bem adaptadas ao seu ambiente natural, como as condições abióticas, a predação e a resistência às doenças, serão selecionadas para sobreviver e reproduzir-se. Desta forma, ocorre a sobrevivência do mais apto.

As caraterísticas vantajosas são hereditárias e serão transmitidas aos seus descendentes. As pressões de seleção aumentam as hipóteses de certos alelos vantajosos serem transmitidos às gerações seguintes.

Os organismos com variantes menos vantajosas terão uma desvantagem selectiva. As suas hipóteses de se reproduzirem e transmitirem os alelos aos seus descendentes são reduzidas.

Estas alterações na frequência dos alelos numa população são a base da evolução. Ao longo de várias gerações, as populações podem

evoluem gradualmente e adaptam-se melhor às suas condições ambientais.

Os principais tipos de seleção natural são: seleção estabilizadora, seleção direcional, seleção disruptiva, seleção sexual e polimorfismo.

2.2.2.1 A SECÇÃO DIRECCIONAL

Na **seleção direcional**, à medida que as condições ambientais mudam, os indivíduos de uma população com um dos fenótipos extremos são favorecidos em relação aos outros e são selecionados. A gama de fenótipos altera-se à medida que alguns indivíduos não conseguem sobreviver e reproduzir-se, enquanto outros são bem sucedidos.

A pressão de seleção direcional aumenta as hipóteses de os alelos vantajosos serem transmitidos à geração seguinte.

A pressão selectiva reduz as possibilidades de transmissão de alelos desfavoráveis.

Exemplos:

- O melanismo industrial, a pigmentação crescente da melanina nas asas e no corpo da borboleta-pimenta, ajuda a borboleta a camuflar-se quando descansa num tronco de árvore escuro perto de zonas industriais poluídas com fuligem, para evitar a predação visual por aves que se alimentam de traças.

- Aumento da resistência aos antibióticos em bactérias patogénicas através da seleção de mutantes resistentes.

- Aumento das pragas resistentes aos insecticidas...

2.2.2.2 SELECÇÃO DISRUPTIVA

Quando os indivíduos nos extremos superior e inferior da curva se encontram em melhores condições físicas do que os que se encontram no meio, ocorre uma **seleção perturbadora**.

Estes indivíduos têm uma melhor taxa de sobrevivência e de reprodução. A pressão de secção disruptiva aumenta as hipóteses de os alelos vantajosos serem transmitidos à geração seguinte. O fenótipo intermédio é selecionado contra e diminui gradualmente em número de geração para geração, podendo desaparecer.

Após muitas gerações, a seleção disruptiva pode levar à formação de dois conjuntos de genes distintos e à formação de uma nova espécie.

2.2.2.3 SELECÇÃO SEXUAL

A seleção sexual é a luta geralmente entre animais machos, selecionados pelas fêmeas da mesma espécie no processo de acasalamento. Isto ocorre numa população de animais que se reproduzem sexualmente.

O dimorfismo sexual é a diferença nas caraterísticas sexuais secundárias entre animais machos e fêmeas da mesma espécie.

O sucesso da seleção pelas fêmeas depende de certas caraterísticas sexuais secundárias masculinas que evoluíram.

Exemplos: Aves machos com o melhor espetáculo de cortejo, como o canto ou a dança, aves com a plumagem de cores mais vivas, por exemplo...

Alguns mamíferos e insectos libertam moléculas de feromonas que actuam como estímulos químicos para atrair os seus parceiros.

Os alelos que determinam as caraterísticas sexuais secundárias que melhoram o sucesso de acasalamento dos animais são geralmente herdados pela descendência masculina.

As **caraterísticas sexuais** secundárias que dão a um indivíduo uma vantagem na seleção sexual podem, por vezes, ser neutras ou desvantajosas para a sobrevivência. Um tamanho maior e uma plumagem mais colorida podem atrair a atenção dos predadores.

2.2.2.4 POLIMORFISMO

O polimorfismo é a existência de duas ou mais formas ou morfos distintamente diferentes de uma determinada espécie representada numa população.

Nos insectos sociais, como as abelhas, o sistema de castas de rainhas, zangões e operárias é um exemplo de **polimorfismo ambiental**. As diferenças são causadas por factores ambientais. O sistema de castas das abelhas melíferas é determinado pelos diferentes tipos de alimentação das larvas.

Existem ainda dois tipos de polimorfismo genético em que as diferenças são devidas a caraterísticas hereditárias. As duas formas existentes são: o polimorfismo equilibrado e o polimorfismo transitório.

- Polimorfismo equilibrado

O polimorfismo equilibrado é a existência de duas ou mais formas distintas diferentes (morfos) que coexistem numa proporção estável numa população. Cada forma pode ter caraterísticas vantajosas e desvantajosas.

Os exemplos são :

Grupos sanguíneos ABO em humanos: Existem 4 tipos: tipo A, tipo B, tipo AB e tipo O.

Doença falciforme (SCD) em África.

- Polimorfismo transitório

O polimorfismo transitório ocorre quando uma forma particular se propaga através de uma população, causando a alteração de uma proporção relativa dos fenótipos. A frequência de cada forma fenotípica é determinada pela intensidade da pressão selectiva.

Exemplo: Formas claras e escuras de traça-das-pastagens, em que a forma clara é gradualmente substituída pela porção fenotípica.

2.2.3 SELECÇÃO ARTIFICIAL

2.2.3.1 DEFINIÇÕES

A seleção artificial é a reprodução selectiva que ocorre quando os seres humanos, e não as forças ambientais, selecionam e determinam os alelos desejáveis de plantas ou animais para serem transmitidos às gerações sucessivas.

A seleção artificial é praticada pelo homem há vários séculos. Desempenhou um papel importante na evolução das plantas cultivadas modernas, dos animais de criação e dos animais domesticados a partir dos seus antepassados selvagens.

Exerce uma pressão de seleção direcional que conduz a alterações nas frequências dos alelos e dos genótipos na população.

Algumas das vantagens da seleção artificial são :

- Este é o método mais rápido e seguro de produzir descendentes com a caraterística desejada.

- Seleção e criação de animais e plantas capazes de se adaptarem a viver em determinados habitats ou em diferentes condições ambientais (tolerância ecológica).

- Produzir organismos resistentes a pragas, doenças ou herbicidas.

- Seleção e multiplicação de culturas como o trigo, a cevada, o arroz e o milho para obter uma maior produtividade (maior rendimento por unidade de superfície).

- Seleção e criação de animais de exploração para uma melhor qualidade e quantidade de produção de leite e carne. Seleção de ovinos de raça para melhorar a qualidade da lã.

- Selecionar e criar animais para desporto ou lazer. Por exemplo: criação de cavalos para corridas e transporte, criação de pombos para a capacidade de voo e o tipo de plumagem, domesticação de cães como cães de guarda, para caça, corridas e aparência, criação de peixes **koi** para a aparência, criação de orquídeas, rosas e outras flores para produzir plantas maiores e mais coloridas.

A criação de um banco de esperma e de um banco de genes e o aperfeiçoamento das técnicas de reprodução, como a inseminação artificial e os transplantes de embriões, aumentaram as possibilidades de uma reprodução selectiva bem sucedida nos animais.

Os criadores de plantas e animais estão também a utilizar mutagénicos e novos métodos de biotecnologia e engenharia genética para criar novos fenótipos. Um exemplo é a fusão de protoplastos, uma nova técnica utilizada na produção de uma planta de tabaco híbrida resistente a vírus.

A reprodução selectiva excessiva entre organismos estreitamente relacionados aumenta a homozigotia (a produção de indivíduos com caraterísticas fenotípicas prejudiciais ou indesejáveis). Após várias gerações de consanguinidade, perde-se o vigor.

A seleção artificial modifica as frequências dos alelos e dos genótipos numa população natural. Os seres humanos modificaram artificialmente o genoma que foi selecionado pela natureza e que talvez esteja melhor adaptado ao organismo no seu ambiente natural. As caraterísticas que agradam aos humanos podem ser prejudiciais para o organismo.

No entanto, alguns cientistas argumentam que a seleção artificial e a biotecnologia podem combinar num curto espaço de tempo caraterísticas que a seleção natural exigiria milhares ou milhões de anos.

2.2.3.2 HOMOGAMIA E CONSANGUINIDADE

Trata-se de um cruzamento seletivo entre indivíduos que têm um genótipo semelhante (homogamia) ou que estão mais estreitamente relacionados (consanguinidade) do que se tivessem sido escolhidos ao acaso na população como um todo.

Exemplos de consanguinidade incluem a auto-fertilização no acasalamento de plantas entre descendentes e um progenitor, entre irmãos ou indivíduos estreitamente relacionados.

Após várias gerações, a força de seleção da consanguinidade aumenta a frequência dos genótipos homozigóticos. O organismo é provavelmente de raça pura ou homozigótico para as caraterísticas selecionadas.

A consanguinidade tende a manter caraterísticas desejáveis, tais como

:

- Aumentar a quantidade e a qualidade do leite produzido pelas vacas Jersey (elevado teor de nata).

- Produzir plantas de milho de altura uniforme para facilitar a colheita mecânica.

- Aumentar o teor de óleo do azeite para reduzir os custos de produção e extração.

- Aumentar o rendimento das culturas e do gado. Podem ser produzidas grandes quantidades de alimentos, o custo de produção é reduzido e é necessária menos terra para a agricultura ou a criação de gado.

- Criação de cavalos de corrida.

- Consanguinidade de cães para produzir variedades de competição ou de guarda.

As desvantagens incluem:

- Após várias gerações de consanguinidade excessiva, o resultado é a dispersão da consanguinidade. Os descendentes consanguíneos têm um vigor reduzido, um crescimento e rendimento fracos e uma fertilidade inferior à dos indivíduos não consanguíneos.

- O aumento da homozigotia pode levar a indivíduos com alelos recessivos homozigóticos indesejáveis. Isto levaria à produção de caraterísticas fenotípicas prejudiciais.

- Existe um risco acrescido de redução da resistência às doenças, uma vez que a variação genética é reduzida. Por isso, a consanguinidade não é encorajada pelos criadores.

2.2.3.3 HYBRIDATION

- A hibridação é o acasalamento controlado (ou cruzamento) de indivíduos distantemente relacionados. Estes podem provir de duas raças da mesma espécie ou de espécies diferentes.

- É utilizada pelos criadores de plantas e animais para combinar as caraterísticas desejáveis de dois progenitores diferentes.

- Os descendentes são conhecidos como híbridos. Estes apresentam geralmente mais variações do que os descendentes produzidos por consanguinidade. Os híbridos têm geralmente fenótipos novos e superiores e uma maior capacidade de adaptação às alterações ambientais.

- A hibridação aumenta a heterozigotia e proporciona uma nova oportunidade de interação genética. Os alelos recessivos prejudiciais são mascarados por alelos dominantes.

- Em alguns casos, a consanguinidade resulta num vigor híbrido, em descendentes mais saudáveis e maiores.

- Os híbridos produzidos entre espécies geneticamente diferentes são frequentemente estéreis. Não têm conjuntos homólogos de cromossomas e a meiose não pode produzir gâmetas férteis. No entanto, se a duplicação do número de cromossomas ocorrer num híbrido, é produzido um alotetraplóide fértil (poliploidia) com dois conjuntos de cromossomas homólogos.

- Na Malásia, o óleo de palma híbrido *Elaeis guineensis* variedade **tenera**, com um teor elevado e que não cai facilmente, é produzido através do cruzamento da planta-mãe *E. guineensis* variedade **dura** com a *E. guineensis* variedade **pissifera**.

2.2.3.4 BANCO DE ESPEMATOZÓIDES HUMANOS

Banco de esperma humano

Trata-se de um centro de recursos que recolhe, armazena e congela espermatozóides humanos para utilização futura.

O esperma humano pode ser armazenado congelado durante vários anos em tubos colocados num tanque de azoto líquido.

O banco de esperma humano é utilizado numa série de situações diferentes. Por exemplo, o esperma é armazenado se :

- A pessoa submete-se a um tratamento contra a infertilidade. O esperma é recolhido e armazenado. O esperma normal é utilizado mais tarde em inseminação artificial ou noutro tipo de reprodução avançada.

- A pessoa é diagnosticada com cancro e é submetida a quimioterapia e radioterapia, que podem afetar a produção de esperma ou causar uma mutação no ADN do esperma.

- A pessoa está a tomar determinados medicamentos, tem uma doença como a esclerose múltipla ou foi submetida a uma operação que afecta os testículos e a capacidade de produzir esperma.

- O paciente será submetido a uma vasectomia.

- A pessoa trabalha numa área ou laboratório e pode estar exposta a radiações ou toxinas reprodutivas.

Os espermatozóides podem ser mantidos congelados durante vários anos e destruídos de acordo com as instruções dadas.

2.2.3.5 BANCO DE ESPERMA ANIMAL

O banco de sémen animal é um centro de recursos que recolhe, armazena e congela sémen animal em azoto líquido.

O esperma pode ser armazenado para utilização futura, como por exemplo :

- Utilização de sémen de animais de raça com caraterísticas desejáveis para inseminação artificial ou inseminação in vitro.

- Os espermatozóides de espécies ameaçadas de extinção, como o **panda**, podem ser congelados e distribuídos em certos centros em todo o mundo para investigação científica ou utilizados na inseminação artificial para fertilizar o óvulo da fêmea ameaçada de extinção.

Uma amostra de sémen contém milhares de espermatozóides. O esperma pode ser diluído em amostras mais pequenas e é utilizada uma pequena quantidade de cada vez.

Os regulamentos sanitários exigem que o sémen retirado de animais esteja isento de agentes patogénicos.

O banco de sémen animal funciona também como um banco de genes onde o ADN do sémen animal pode ser armazenado antes que os animais de criação com pedigree morram ou que as espécies ameaçadas se extingam.

NOTAS :

- Nos seres humanos, certas doenças hereditárias tendem a ocorrer com maior frequência em famílias com um historial de casamentos entre parentes próximos.

- O vigor híbrido é a superioridade de um heterozigoto sobre outro homozigoto para uma determinada caraterística.

- In vivo, que descreve os processos biológicos observados no corpo de um organismo vivo.

- In vitro, descrevendo processos biológicos que ocorrem fora do organismo vivo; ocorrem num ambiente artificial, por exemplo, num tubo de ensaio.

- **A criopreservação** é o processo de congelação de tecidos. Na criopreservação de esperma, uma amostra de esperma humano é congelada para utilização futura.

Um banco de esperma é um centro que recolhe, armazena e congela esperma.

2.3 ESPECIFICAÇÃO

2.3.1 DEFINIÇÃO DE ESPECIAÇÃO

A especiação é o processo de formação de uma ou mais espécies novas a partir de espécies existentes.

Na intra-especiação, uma única espécie pode dar origem a várias espécies.

Na hibridação interespecífica, duas espécies diferentes podem dar origem a uma nova espécie. Esta situação é comum nas plantas com flor.

As novas espécies podem ser capazes de se adaptar ao seu ambiente particular e, assim, ter uma melhor taxa de sobrevivência e reproduzir-se com sucesso.

2.3.2 CONCEITO DE ESPÉCIE BIOLÓGICA

Existem outras formas de definir uma espécie com base em diferentes aspectos ou critérios. Alguns exemplos são :

Reprodução: Uma espécie é um grupo de organismos que podem reproduzir-se e produzir descendentes férteis e que estão reprodutivamente isolados de outras espécies.

Genética: Um grupo de organismos com um cariótipo genético semelhante.

Morfologia: Um grupo de organismos com caraterísticas morfológicas semelhantes.

Ecologia: Grupo de organismos que ocupam o mesmo nicho ecológico.

Reconhecimento das espécies: com base no **comportamento**.

Nas últimas décadas, a definição mais comum tem sido o conceito de espécie biológica (BSC), mas este conceito tem sofrido várias alterações ao longo dos anos.

O conceito de espécie biológica (BSC) define uma espécie como um grupo de populações naturais actuais ou potencialmente reprodutoras com um património genético comum, que estão **reprodutivamente isoladas** de outros grupos semelhantes. Por conseguinte, considera-se que os organismos pertencem à mesma espécie se puderem cruzar-se entre si e produzir descendência fértil. Caso contrário, considera-se que os organismos pertencem a espécies diferentes.

Embora as CEB tenham uma aceitação bastante generalizada, existem também limitações ou problemas:

- Algumas populações reproduzem-se assexuadamente (entre elas as bactérias, os protozoários, os flagelados euglenoides e algumas plantas).

- Os grupos de organismos que não existem juntos no tempo não podem ser avaliados, é difícil classificar os organismos fossilizados extintos, ...

Foi proposto um conceito filogenético de espécie em que o agrupamento de espécies relacionadas se baseia na homologia partilhada de ADN/ADN e na história evolutiva da população, em vez de se basear no cruzamento entre organismos.

2.3.3 PROCESSO DE ESPECIAÇÃO

A formação de novas espécies pode ser causada por: isolamento, deriva genética, hibridação e radiação adaptativa.

2.3.3.1 ISOLAMENTO

O isolamento divide uma grande população, física ou reprodutivamente, em populações mais pequenas. O isolamento é importante na especiação. Existem dois tipos de isolamento: extrínseco e intrínseco.

Isolamento extrínseco ou isolamento geográfico

- O isolamento extrínseco é também conhecido como isolamento geográfico. É causado por barreiras geográficas como montanhas, oceanos, desertos, rios e glaciares.

- O isolamento geográfico resulta na separação física dos indivíduos de uma população em subpopulações mais pequenas (demes). Eventualmente, os organismos tornam-se reprodutivamente isolados e o fluxo genético é impedido entre demes. São incapazes de se cruzar e produzir descendentes férteis. Quando isto acontece, os organismos que foram isolados geograficamente desenvolvem-se em novas espécies através de mutação e seleção natural.

- A especiação alopátrica é o desenvolvimento de uma nova espécie quando a população (demes) fica fisicamente isolada por ocupar áreas geográficas diferentes.

- O isolamento geográfico é o único fator que anula a lei de Hardy-Weinberg. Impede o acasalamento aleatório e reduz o tamanho da população.

Isolamento intrínseco

- O isolamento intrínseco envolve o isolamento por barreiras biológicas que impedem o cruzamento e a troca de material genético entre indivíduos de espécies diferentes.

- A especiação simpátrica ocorre quando a população (demes) está reprodutivamente isolada na mesma área geográfica ou ocupa áreas geograficamente sobrepostas.
- O isolamento intrínseco pode ser classificado em : Mecanismos pré-zigóticos (barreiras) e mecanismos pós-zigóticos (barreiras).

(a) Barreiras pré-zigóticas, que impedem o acasalamento ou a formação de zigotos híbridos.

Exemplos

- Isolamento ecológico/isolamento de habitat
- Isolamento temporal/isolamento sazonal
- Isolamento comportamental
- Isolamento mecânico
- Isolamento de gâmetas, ...

(b) Mecanismos pós-zigóticos, que reduzem a viabilidade ou a fertilidade dos zigotos híbridos (impedindo o desenvolvimento ou a reprodução dos híbridos, mesmo que a fertilização seja bem sucedida).

Exemplos

- Inviabilidade do híbrido (a fertilização ocorre mas o zigoto não se divide e não se desenvolve).
- Esterilidade híbrida: os híbridos Fi produzidos são híbridos inférteis, incapazes de produzir gâmetas viáveis.
- Os híbridos degradados (híbridos F2 ou retrocruzamentos) têm viabilidade reduzida ou são inférteis.

2.3.3.2 A DERIVA GENÉTICA OU O EFEITO SEWALL WRIGHT.

- A deriva genética é a variação da frequência dos alelos ao longo de gerações sucessivas em populações consanguíneas pequenas ou isoladas, devido a alterações aleatórias e não à seleção natural.

- Numa população pequena, ao longo do tempo, isto pode levar a uma redução drástica dos alelos ou a um aumento da frequência de alguns outros alelos.

- Numa população pequena, isto pode levar à extinção (aumento de alelos nocivos) da população ou, à medida que a população se torna mais divergente, à formação de novas espécies.

- A deriva genética ocorre em qualquer população, mas é mais frequente em situações em que existe um **efeito fundador** ou um efeito **de estrangulamento**.

2.3.3.2.1 O EFEITO FUNDADOR

O **efeito fundador** é a deriva genética que ocorre quando uma pequena população é isolada ou dispersa da população principal maior.

Quanto mais pequena for a população, maior será o efeito da deriva genética. A população fundadora (nova população), que parte de um pequeno número de indivíduos pioneiros, é suscetível de ter um património genético que não é representativo da população original. Como resultado, pode haver um lote de certos alelos da nova população. Por vezes, alelos raros que estão presentes em baixas frequências na população original podem agora estar em frequências mais elevadas no património genético da nova população.

As barreiras que resultam na separação das populações podem ser físicas ou comportamentais.

A reprodução contínua na população pioneira produz alterações nas frequências alélicas e genotípicas para adaptação a diferentes condições ambientais. A população pioneira torna-se uma nova espécie e não pode reproduzir-se com membros da população original.

Eis alguns exemplos de efeitos fundadores na natureza:

- A **foca** do Baikal *(Phoca siberica)* é uma espécie de foca de água doce que evoluiu no isolamento do lago Baikal, na Sibéria. Todas as focas actuais são descendentes de uma população fundadora de focas de água salgada que se pensa ter sido perdida quando uma passagem marítima que ligava o Lago Baikal ao Oceano Ártico foi cortada.

- Uma nova população de plantas auto-polinizadoras resultante da dispersão de uma única semente.

- Dispersão de organismos de ilhas continentais, como as tartarugas-das-galápagos que habitam as ilhas Galápagos.

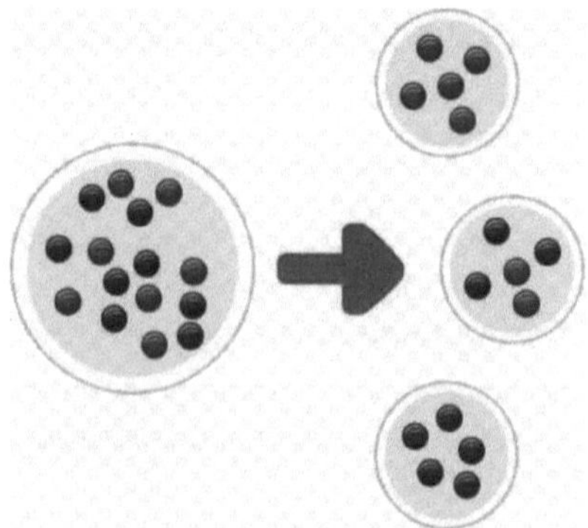

Figura 2.1 *Efeito fundador*

2.3.3.2.2 EFEITO DE ESTRANGULAMENTO

Este é um exemplo de deriva genética, que ocorre quando há um declínio drástico e repentino de uma população devido a factores ambientais desfavoráveis.

- As catástrofes naturais como terramotos, inundações, secas, incêndios, doenças epidémicas e actividades humanas como a caça, a silvicultura e a agricultura podem reduzir consideravelmente a dimensão de uma população.

- Um grande número de indivíduos é morto de forma não selectiva. A pequena população sobrevivente não tem um património genético representativo da grande população original.

- A alteração resultante e a perda de variabilidade genética são conhecidas como efeito de estrangulamento.

- A maioria dos diferentes tipos de alelos da população original perdeu-se.

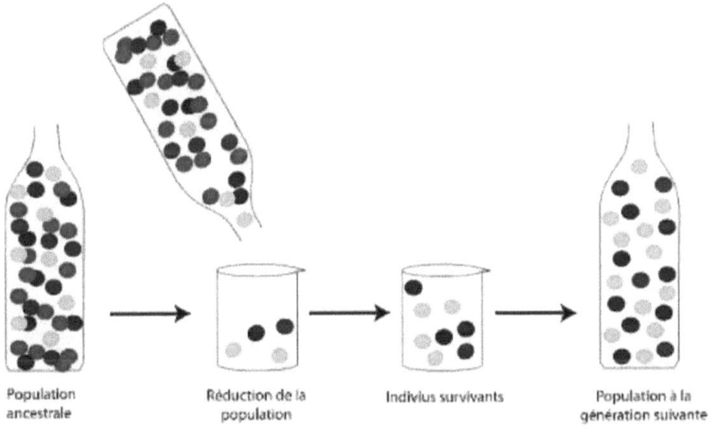

Figura 2.2 *Efeito de estrangulamento*

Depois de a população ter passado por um período de tamanho consideravelmente reduzido, há uma diminuição da variação genética na população, mesmo que esta aumente de tamanho mais tarde. Isto deve-se ao facto de a mutação que provoca a variação na população ser um processo muito lento. É preciso muito tempo e várias gerações para que a variação aumente numa população através da mutação.

Exemplos:

- Os seres humanos caçaram os elefantes-marinhos do norte quase até à extinção no século XIX. Toda a população ficou reduzida a um máximo de 20 focas na ilha de Guadalupe. Devido ao efeito de estrangulamento, apenas alguns genótipos ajudam a formar a descendência da geração seguinte.

- As espécies de chitas sofreram um grave efeito de estrangulamento devido à caça humana, a doenças, à falta de alimentos ou a secas graves. Atualmente, existem apenas três populações selvagens de chitas, com muito pouca variabilidade genética dentro dessas populações.

2.3.3.2.3 FLUXO GENÉTICO

O fluxo genético é a migração ou o acasalamento de indivíduos entre populações que provoca um movimento correspondente de alelos. Isto pode levar a alterações na frequência dos alelos.

O fluxo genético pode aumentar a variação dentro de uma população através da introdução de novos alelos produzidos por mutação noutras populações.

O fluxo contínuo de genes entre populações tende a tornar os conjuntos de genes mais semelhantes entre populações. Isto reduz a diversidade entre as populações sobre a qual a seleção natural pode atuar. O fluxo genético entre populações pode impedir a especiação.

2.3.3.3 HYBRIDATION

A hibridação é o processo de obtenção de uma ou mais descendências híbridas através do cruzamento ou acasalamento de progenitores geneticamente diferentes.

Nos **alopoliplóides**, o conjunto ou conjuntos extra de cromossomas provêm de mais do que uma espécie. O híbrido F1 é geralmente estéril. Se houver uma duplicação do complemento cromossómico, pode então ocorrer o emparelhamento dos cromossomas homólogos na meiose. É produzido um alopoliplóide fértil.

2.3.3.4 RADIAÇÃO ADAPTATIVA

A radiação adaptativa ou **evolução divergente** é o aparecimento de diferentes formas a partir de um antepassado comum, dispersas por novos habitantes e diferentes fontes de alimento, e a sua adaptação para viver num novo ambiente.

A pressão selectiva provoca alterações na frequência dos alelos. Ao longo do tempo, foram ocorrendo modificações progressivas que transformaram certas estruturas do corpo em estruturas diferentes, especializadas para funções específicas em novos habitats. Eventualmente, estas populações dispersas não podem reproduzir-se entre si ou com a população original. Têm de se transformar em novas espécies.

Exemplos:

Charles Darwin sugeriu que o antepassado dos **tentilhões** se tinha dispersado para as Ilhas Galápagos em madeira à deriva ou soprada do continente por ventos fortes. O isolamento geográfico dos tentilhões levou à **especiação alopátrica.**

As diferenças no tamanho e na forma dos seus bicos revelam uma radiação adaptativa a diferentes nichos ecológicos. A sua cor é baça e o sucesso do acasalamento ou do reconhecimento é conseguido através de manifestações de cortejo, como o canto ou outros padrões comportamentais.

Figura 2.3 *Tentilhões de Darwin*

NOTAS!

- A espécie é uma categoria utilizada na classificação dos organismos. É o nível mais baixo na hierarquia de classificação.

- A mesma espécie pode, por vezes, ser subdividida em subespécies, raças, variedades, demes e clines (alteração progressiva do fenótipo).

- Biologicamente, os seres humanos são classificados como *Homo sapiens*.

- O cruzamento na natureza pode ser fortemente influenciado por variáveis e factores ambientais instáveis.

- Os burros e os cavalos pertencem a espécies diferentes, os burros podem cruzar-se com os cavalos para produzir híbridos que não são **férteis** e não podem **cruzar-se**. Uma **mula** é a descendência de um burro macho e de uma égua fêmea. A descendência de um cavalo macho e uma burra fêmea é chamada **bardot**.

- Uma nova população produzida pelo **efeito de estrangulamento** tem uma **redução drástica** da **variabilidade genética**. Estes indivíduos enfrentam uma maior ameaça de novas doenças porque podem não possuir resistência contra algumas dessas doenças.

- **A evolução convergente** é o desenvolvimento de estruturas ou órgãos superficialmente semelhantes em organismos não relacionados, porque vivem num **ambiente semelhante**. Exemplos disso são as asas das aves e dos insectos e os corpos aerodinâmicos dos peixes e das aves.

- A deriva genética não deve ser confundida com o **fluxo genético**: a deriva genética é uma alteração no património genético de uma pequena população devido a uma alteração aleatória ou o fluxo genético é o ganho ou perda de alelos numa população através do movimento de indivíduos ou gâmetas para dentro ou para fora da população.

PERGUNTAS DE REVISÃO

1. O que é variação?
2. Explicar as 3 principais fontes de variação numa população.
3. Cite 5 causas principais de variação durante a reprodução sexual.
4. Que diferenças encontra entre variação qualitativa e quantitativa?
5. Qual é a relação entre variação e adaptação nas espécies vivas?
6. O que é a seleção?
7. Que diferença fundamental vê entre a seleção natural e a seleção artificial?
8. Descreva os 5 principais tipos de seleção natural.
9. Explicar a diferença entre um polimorfismo de equilíbrio e um polimorfismo transitório.
10. Em que consiste a hibridação?
11. O que é um banco de esperma?
12. Explicar estes conceitos: homogamia, consanguinidade, espécie, especiação, isolamento, especiação alopátrica, especiação simpátrica, efeito fundador, efeito de estrangulamento, fluxo genético, radiação adaptativa, alo- e autopoliploidia, evolução convergente e evolução divergente, deriva genética.

CAPÍTULO 3: ARGUMENTOS A FAVOR DA EVOLUÇÃO

Para os evolucionistas, os argumentos a favor da evolução podem ser retirados da paleontologia, da embriologia comparativa, da anatomia comparativa, da distribuição geográfica dos seres vivos, da bioquímica comparativa e da homologia do ADN.

3.1 ARGUMENTO PALEONTOLÓGICO

3.1.1 DEFINIÇÕES

A paleontologia é o estudo dos **fósseis**, ou seja, os restos de animais ou plantas mais ou menos bem preservados em rochas formadas por sedimentos ou bem enterradas.

Figura 3.1 *Restos de uma folha numa rocha*

São os restos (ou vestígios) de organismos que viveram há muito tempo.

A comparação dos fósseis com organismos animais e vegetais actuais permite determinar as condições geográficas e climáticas do meio em que viveram; obtêm-se também **fósseis de fácies**.

3.1.2 CRONOLOGIA DO MUNDO VIVO

Os fósseis e a flora antiga podem ser utilizados para classificar cronologicamente as camadas de terra que os contêm (**estratigrafia**).

A Terra formou-se ao mesmo tempo que o resto do sistema solar, há 5 ou 6 mil milhões de anos, a crosta sólida há cerca de 4 mil milhões de anos e os primeiros seres vivos, que são procariotas - algas azuis-verdes (cianofíceas) e bactérias - apareceram há cerca de 3 mil milhões de anos. Estes primeiros fósseis conhecidos **são microfósseis**.

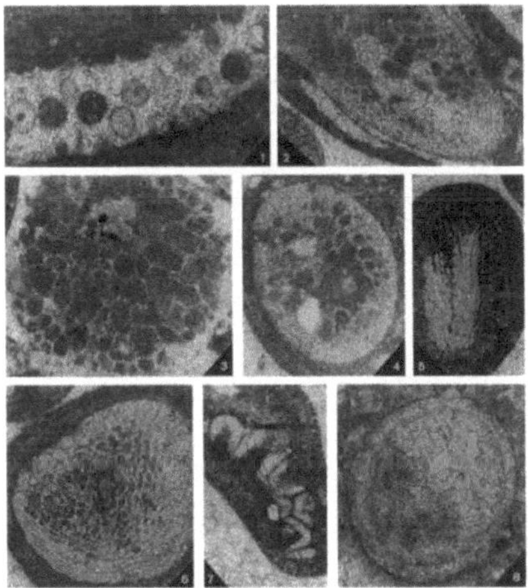

Figura 3.2 *Microfósseis*

Os microfósseis são pequenos organismos fossilizados (principalmente com menos de um milímetro de tamanho), que requerem ferramentas especiais, como os microscópios electrónicos, para serem observados. Diferem dos **macrofósseis**, que podem ser observados a olho nu.

Este período remoto, que corresponde às primeiras rochas **fossilizadas**, é conhecido como **Pré-cambriano**. Após o Pré-cambriano, as camadas da terra foram divididas em 4 **eras**, sendo cada era subdividida num certo número de **períodos**.

Quadro 3.1 A cronologia do mundo vivo

ERES GEOLÓGICO	PERÍODOS	IDADES/ ANOS	[6]10 LINHAS ANIMAIS	LIIGNEES PLANTAS
Quaternário ou ANTROPOZÓICO	Holoceno		Homens	
	Pleistoceno	3,3		
Terciário ou CENOZÓICO	Plioceno		Mamíferos atual	
	Miocénico			
	Oligoceno			
	Eocénico			
	Paleoceno	65		
Secundário ou MESOZÓICO	Cretáceo	136		Angiospérmicas
	Jurássico	150	Aves primitivos	
	Triássico	225	Mamíferos arcaico	
Primário ou PALEOZÓICO	Permiano	280		Ginásio
	Carbonífero	345	Primeiro répteis insectos	
	Devoniano	395	Anfíbios	Fougères Cogumelos
	Siluriano	430	Venenos arcaico	espumas
	Ordovícico	500	Agnatas	
	Cambriano		Pré-vertebrados	

PRECAMBRIEN	Crustáceos	
	Moluscos	
	Equinodermes	Algas marinhas
	Anelídeos	Eucariotas
	Coelenterados	
	Esponja	
	Protozoários	

3.1.3 ESTROMATOLITOS

Não podemos falar de vida no Pré-Cambriano sem falar de **Estromatólitos**, que são estruturas construídas por bactérias e/ou algas azuis (procariotas). São rochas formadas por bactérias que se incrustam em sedimentos suspensos na água.

Os estromatólitos são estruturas fósseis formadas a partir de carbonatos. Encontram-se entre os fósseis mais antigos conhecidos e são certamente os macrofósseis mais antigos; são conhecidos desde 3,5 Ga (na Austrália).

Os estromatólitos desempenharam, portanto, um papel essencial na **evolução da vida** na Terra, permitindo o desenvolvimento da vida aeróbica (necessidade de oxigénio). Este facto, por sua vez, permitiu o desenvolvimento de organismos terrestres multicelulares mais complexos, como os seres humanos.

Figura 3.3 *Estromatólitos.*

A extinção em massa é um tema de verdade relativa, porque uma nova descoberta em geologia ou paleontologia pode virar tudo de pernas para o ar e alterar as nossas certezas.

De um modo geral, durante uma extinção em massa, desaparecem, em média, **75%** das espécies animais e vegetais presentes na Terra e nos oceanos. Houve cinco extinções em massa: Ordovícica, Devónica, Permiana, Triássica-Jurássica e Cretáceo-Terciária.

Eis as **cinco grandes crises** da biologia:

Extinção Ordoviciano-Siluriana. Há 450 milhões de anos.

Extinção Devoniana. Há 375 milhões de anos.

Extinção do Permiano Triássico. Há 250 milhões de anos.

Extinção do período Triássico-Jurássico.

Extinção Cretáceo-Paleogénica.

Quadro 3.2 *Eras geológicas e grandes extinções biológicas*

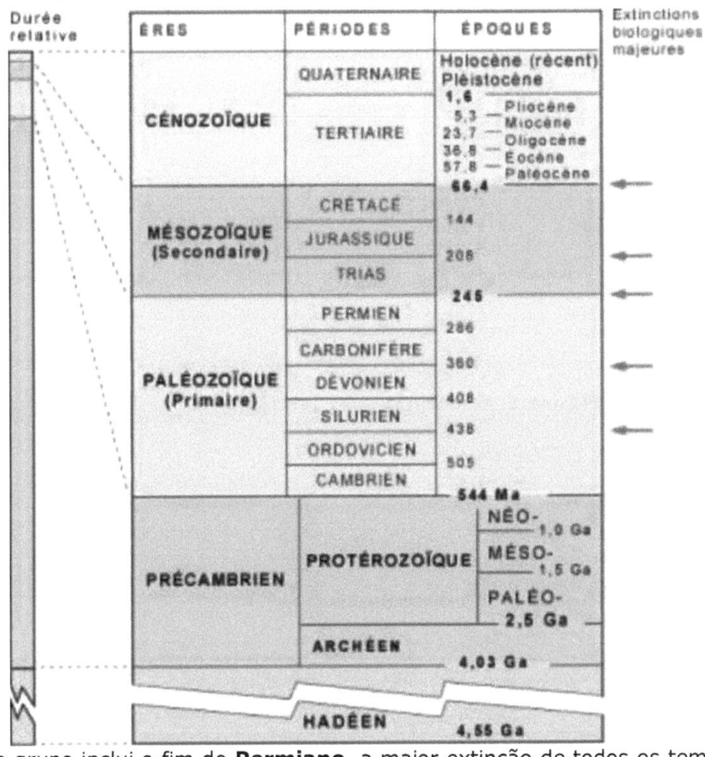

Este grupo inclui o fim do **Permiano**, a maior extinção de todos os tempos, que ocorreu há cerca de 252 milhões de anos e foi responsável pelo desaparecimento de 95% das espécies marinhas.

As **cinco causas** (hipotéticas) destas extinções estão agora identificadas: alterações na utilização dos solos e dos mares, exploração direta de certos organismos, alterações climáticas (período glaciar intenso, vulcanismo), poluição, espécies exóticas invasoras e meteoritos.

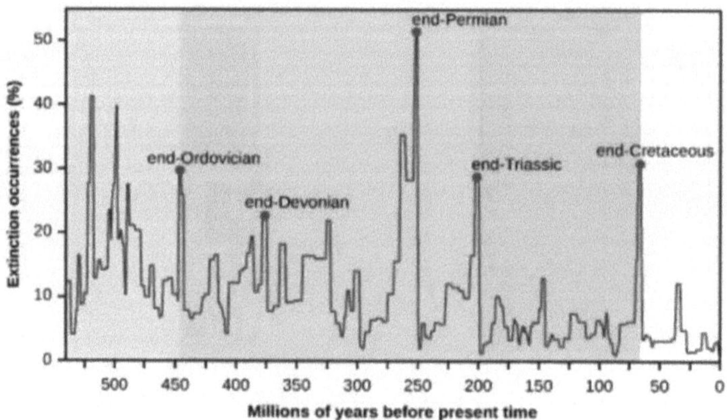

Figura 3.4 *As 5 principais extinções biológicas*

3.1.5 GRANDE OXIGENAÇÃO

O **Grande** Evento de Oxigenação (GOE), também conhecido como **catástrofe do oxigénio** ou crise do oxigénio, é um evento importante que ocorreu na atmosfera, nas águas superficiais e na biosfera da Terra há cerca de 2,4 a 2 mil milhões de anos (Ga).

De facto, quase todo o oxigénio respirável da Terra (cerca de 21% da atmosfera terrestre) provém dos oceanos. Acumulou-se na atmosfera graças a microrganismos marinhos (por exemplo, cianobactérias e microalgas planctónicas) capazes de fazer fotossíntese.
Para muitos organismos que vivem em condições **anaeróbicas**, o oxigénio não é apenas **inútil**, é também **tóxico**. É um veneno que os destrói rapidamente. Para eles, o oxigénio é sinónimo de **morte**.

Há 2,4 mil milhões de anos, uma extinção em massa, apelidada de Grande Oxidação, matou a maioria dos organismos existentes porque o oxigénio libertado para a atmosfera era **tóxico**.

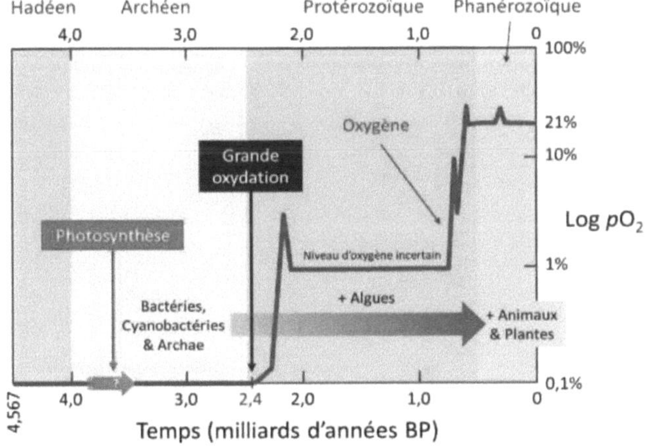

Figura 3.5 *As principais fases de oxidação*

3.1.6 EXEMPLOS DE EXTINÇÃO EM MASSA

A. Trilobites

Os trilobitas *(Trilobita)* *são* uma classe de artrópodes marinhos fósseis que existiram durante o Paleozoico (era primária), do Cambriano ao Permiano.

O seu desaparecimento deve-se provavelmente ao facto de não conseguirem competir ou fugir dos **peixes** activos e combativos. Outros predadores das trilobites são as estrelas-do-mar, os cefalópodes, os celenterados, etc. Fósseis.

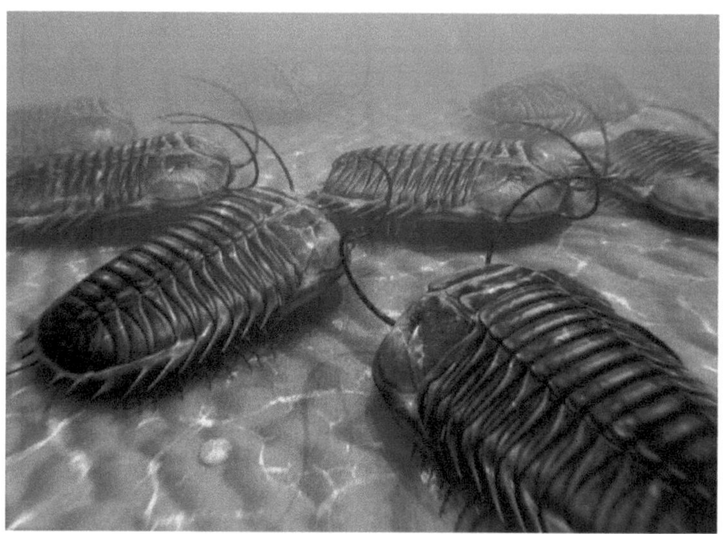

Figura 3.6 *Trilobites*

B. Amonites

As amonites são um grupo de animais marinhos fósseis da classe dos moluscos cefalópodes. A concha é geralmente a única parte fossilizada. Tem a forma de uma espiral plana com voltas contíguas.

São os moluscos cefalópodes. Na natureza atual, estes organismos com cabeças tentaculares, também conhecidas como braços, incluem polvos, lulas, chocos e náutilos.
No entanto, vítimas da crise que dizimou a fauna no final do Cretáceo, há 65 milhões de anos, as amonites desapareceram completamente.
As amonites, que são animais exclusivamente marinhos, habitaram os mares continentais e, por vezes, os oceanos durante cerca de 325 milhões de anos.

Figura 3.7 *Um fóssil de amonite*

3.1.4 FORMAS INTERMÉDIAS

A paleontologia permitiu descobrir que certos fósseis apresentam caraterísticas das duas classes. Estes fósseis são designados por formas intermédias.

- **Ichtyostega** é uma espécie intermédia entre os peixes e os anfíbios.
- **A Seymouria** é o habitat de anfíbios e répteis.
- **Therapsids**, intermediários entre répteis e mamíferos.
- **Archaeopteryx**, entre os répteis e as aves.

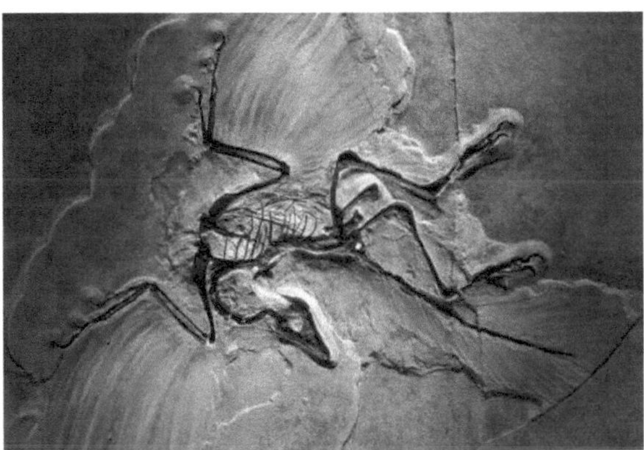

Figura 3.8 *Fóssil de Archaeopteryx*

3.1.5 EVOLUÇÃO DO CAVALO

Para apoiar a tese evolutiva, os cientistas citam frequentemente as séries Equidae e, por vezes, as séries Camelidae e Proboscidae.

Eis as caraterísticas de algumas das muitas formas de equídeos que viveram durante a Era Terciária

EOCENO

Segundo período terciário, há cerca de 60 milhões de anos.

Tipo: *Eohippus* ou *Hyracotherium*.

Tamanho: 30 a 40 na altura do ombro, como um cão. As patas são curtas e têm 3 ou 4 dedos separados, cada um com um pequeno casco.

Os dentes, pequenos e numerosos, não têm cristas afiadas como os dos herbívoros. Estão cobertos de pequenos tubérculos como os omnívoros.

O Eohippus é um animal adaptado à vida na floresta, alimentando-se das folhas dos arbustos e deslocando-se sobre o solo duro graças aos seus dedos separados.

OLIGOCENO

Vários tipos de equídeos descendem *de Eohippus,* por exemplo *Mesohippus,* com as seguintes modificações:

O animal aumentou de tamanho, medindo cerca de 60 cm à altura do ombro, como uma ovelha.

[ème]O alongamento das pernas ocorre principalmente no dedo médio (3 dedos), que se torna mais comprido e, sobretudo, mais forte do que os outros dedos. Os outros dedos permanecem finos e deixam de ser funcionais.

O crânio alonga-se. Os dentes alargam-se e apresentam algumas cristas afiadas, caraterísticas da dieta herbívora.

MIOCENO

À medida que o clima se tornou mais seco e profundo, as florestas foram substituídas por erva dura. Os cavalos tornaram-se corredores e herbívoros. Um exemplo é o *Merychippus*, que tem quase o tamanho do cavalo atual.

As patas tornaram-se muito longas, com o corpo todo apoiado no 3º dedo, que termina num casco sólido. Os outros dedos só estão presentes em vestígios.

A cabeça é longa, com dentes altos e rectos, cujo crescimento contínuo compensa o desgaste. Os dentes são cobertos de esmalte e são típicos dos herbívoros.

PLIOCENO

Nessa altura, havia um grande número de tipos de equídeos. Não diferem muito do *Equus cabalus* atual. Os dedos laterais dos pés desapareceram quase por completo.

Muitos destes géneros extinguiram-se durante o período glaciar do Pleistoceno ao Quaternário, com exceção dos que migraram para a Eurásia e Norte de África, dando origem às zebras, burros e cavalos selvagens.

Em **conclusão,** esta evolução seria acompanhada por uma redução do número de dedos, um aumento da altura, uma mudança na dentição e uma mudança na dieta.

Os paleontólogos reconstituíram a evolução de outros grupos zoológicos, como os **camelídeos** (camelos) e **os proboscídeos** (elefantes).

Quadro 3.3 *A história evolutiva dos equídeos*

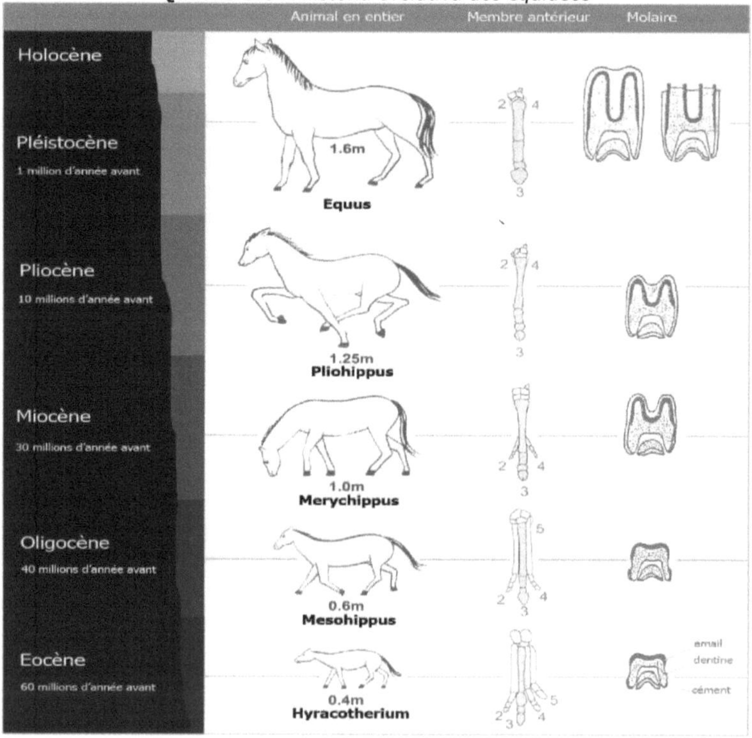

3.1.6 PALEONTOLOGIA HUMANA

3.1.6.1 CARACTERÍSTICAS ESPECIAIS DO HOMEM

A anatomia e a fisiologia do homem estão próximas das dos primatas antropóides: orangotango, chimpanzé e gorila. Mas difere deles em muitos aspectos, que seria impossível enumerar aqui:

- Uma posição vertical perfeita.
- Um lifting facial.
- Três vezes a capacidade craniana dos actuais antropoides.
- Extrema mobilidade da mão, com um polegar que pode ser encostado aos outros dedos...

O homem **distingue-se** dos primatas antropóides em muitos outros aspectos psicológicos e sociológicos. A principal delas é a capacidade de criar ferramentas. Estas ferramentas acompanham sempre os restos humanos e permitem-nos avaliar o estado de hominização.

3.1.5.2 OS PRÉ-HUMANOS

O homem não é um descendente do macaco, os antropóides e os humanos são ramos distintos. A opinião geral dos especialistas é que a origem da linhagem que conduziu ao homem é muito antiga, datando da segunda metade da era Terciária, com uma idade de cerca de 20 a 10 milhões de anos.

É claro que não sabemos o que era o homem terciário, mas os grandes primatas terciários são muito mais semelhantes ao homem do que os actuais antropóides. Este grande primata, chamado **Areopithecus**, tinha caraterísticas humanóides (dentes, pélvis, bípede, etc.), mas provavelmente representava apenas um pequeno ramo paralelo ao ramo humano.

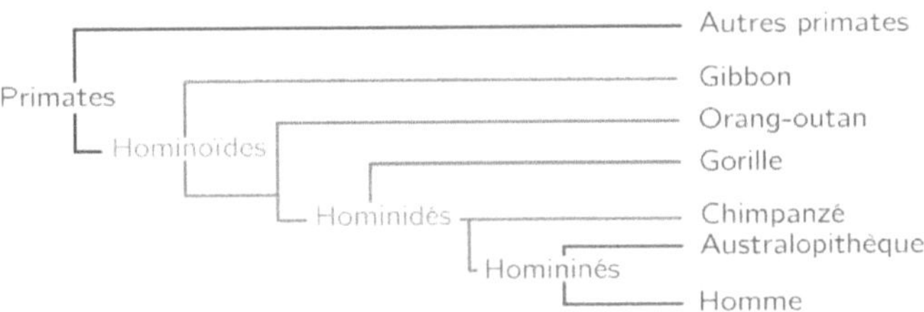

Figura 3.8 *A evolução da paleontologia dos primatas*

3.1.5.3 AS ETAPAS DA HOMINIZAÇÃO

3.1.5.3.1 Australopithecus e *Homo habilis*

Os fósseis mais antigos pertencentes à linhagem humanoide foram encontrados no extremo oriental de África, primeiro no sul, daí o nome **Australopithecus**, e mais recentemente no Quénia, Tanzânia e Etiópia.

Os australopitecos podem ser divididos em duas formas básicas: a chamada forma **graciosa** (sem cristas sagitais) e os **parantropos** (parantropos sul-africanos, zinjantropos tanzanianos, mandíbulas etíopes), todos com cristas sagitais.

[3]Os australopitecos ainda possuem algumas **caraterísticas símias**, em particular um pequeno volume cerebral, entre 400 e 600 cm, e uma face prognata, embora todas estas caraterísticas sejam menos pronunciadas do que nos antropoides.

Por outras palavras, os Australopithecines eram **humanos**: o orifício occipital estava no plano vertical, os dentes eram humanóides, a postura era direita ...

Além disso, os australopitecíneos já eram artesãos de uma **rudimentar indústria itálica**. Eles também usavam ossos para fazer ferramentas.

São conhecidas quatro espécies de Australopithecus:

- *Australopithecus afarensis* ou Pré-australopithecus
  Conhecido desde: 5 MA, mais recente: 2.7 MA
  Tamanho: 1,10 a 1,30 m
  Volume craniano: 300 a 400 cm3
  Bípede
  Localização: África
- Australopithecus africanus
  Conhecido desde 3 MA, mais recente: 2.2 MA
  Altura: 1,30 m
  Volume craniano: 400 a 600 cm^3
  Bípede
  Localização: África
- Duas outras espécies: *Australopithecus boisei* e *Australopithecus robustus.*

Fósseis de um tipo humano antigo, associados a ferramentas de **seixo cortado**, foram descobertos nos mesmos sítios que o Australopithecus. Estes fósseis representam provavelmente a forma mais antiga do género **Homo**, datando de 2 a 1,4 milhões de anos atrás. A presença destes primeiros utensílios valeu a este tipo de hominídeo o nome de Homo *habilis*.

Caraterísticas do **homem habilidoso** ou *Homo habilis* :

- - Conhecido desde: 2MA, mais recente: 1.5 MA
- -Altura: 1,20 m
- - Volume craniano: 600 a 770 cm^3
- - Primeiros utensílios: seixos moldados
- - Localização: África Oriental

Todos os investigadores concordam que *os Australopithecines* **pertencem à linhagem humana**. Juntamente com o *Homo habilis*, eles representam **a primeira fase da denominação**.

Esta fase muito longínqua continua a ser relativamente desconhecida e é objeto de grande debate. Por outro lado, sabemos mais sobre os hominídeos que viveram de 1 a
1,3 milhões de anos atrás.

Por uma questão de simplicidade, distinguimos 3 fases sucessivas na formação do homem atual: os Pithecanthropians, os Neanderthals e o *Homo sapiens.*

3.1.5.3.2 Pithecanthrope ou *Homo erectus*

Entre estes contam-se os Pithécanthropes de Java, os Sinanthropes de Pequim e Shensis (China), os Atlanthropes de Ternifère perto de Oran, os Homens de Rabat e de Casablanca, os Telanthropes da África do Sul, alguns Homens de Oldoway (Tanzânia) e os Chadanthropes.

Caracterizam-se pelos seguintes elementos:

- - Conhecido desde 1,6 milhões de anos atrás, mais recente:
150.000 anos atrás
- - Aumento do **volume craniano** de cerca de 800 a 1200 cm^3
- - Ferramentas de **pedra bifaciais** e..,
- - A conquista do **fogo**.
- - Localização: África, Europa e Ásia (China).

Os pitecantropos distinguem-se dos humanos modernos principalmente pelas mandíbulas mais poderosas e pelo volume craniano mais pequeno.

3.1.5.3.3 Neandertais ou *Homo sapiens Neanderthalensis*

Os Neandertais são um estádio evolutivo muito mais recente do que os Pithecanthropians. Apareceram **na Eurásia** durante a última glaciação WURN, há cerca de 70.000 anos.

[3]Não tinha mais de 1,55 m de altura e, com um crânio muito grande, era maior do que o do *Homo sapiens*: cerca de 1.600 cm. Os utensílios de sílex tornaram-se mais sofisticados e diversificados. Alguns esqueletos foram enterrados intencionalmente, a primeira evidência conhecida de um local de **enterro**.

3.1.5.3.4 Homem atual ou *Homo sapiens sapiens*

É conhecido como o homem moderno e existiu há 100.000 anos. Localização, a nível mundial. [33]O seu crânio (1300 a 1500 cm) é diferente do crânio do tipo Cro-Magnon (1600 a 1700 cm).

Os utensílios tinham feito grandes progressos e **a vida sedentária** só começou com a **agricultura** no período **Neolítico**.

Em **conclusão**, todas estas formas humanas se encaixam tão perfeitamente que os **autores não estão de acordo** quanto à natureza dos primatas da linhagem humana.

Estas etapas da evolução humana não correspondem a uma linhagem única e simples; pelo contrário, os australopitecíneos, os pitecantropos e os neandertais formam um conjunto de ramos que tendem para três etapas estruturais.

Figura 3.9 *Fases da hominização*

A hominização ocorreu em várias partes do mundo, produzindo vários ramos diferentes, dos quais apenas um persistiu, evoluindo para o homem atual, porque, para os biólogos, toda a espécie humana atual provém de uma única linhagem e de um **único antepassado** comum:

é o **monogenismo**, que se opõe ao **poligenismo**.

3.2 ANATOMIA COMPARADA

Os grupos amplamente dispersos que provêm de um antepassado comum partilham certas caraterísticas estruturais básicas

O grau de semelhança entre estes grupos indica o grau de proximidade com a mamona comum.

A anatomia comparada é utilizada como prova para estabelecer a evolução de qualquer relação com base em semelhanças ou diferenças estruturais.

3.2.1 ESTRUTURAS HOMÓLOGAS

(a) **As estruturas homólogas** são estruturas modificadas que partilham um modelo básico como antepassado comum, mas podem ter formas e funções diferentes. Isto permite que o descendente ocupe nichos ecológicos.

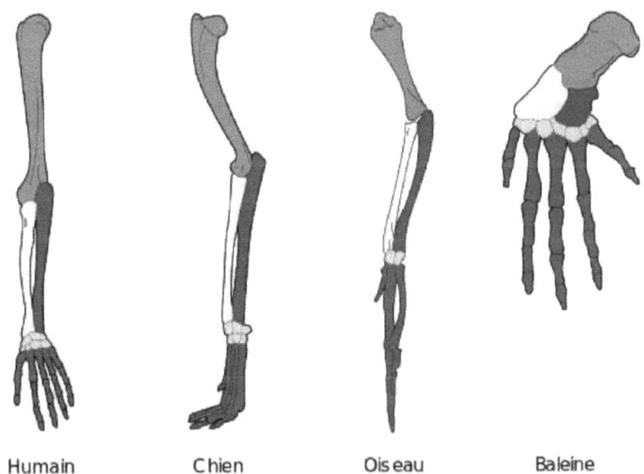

Figura 3.10 *Estruturas homólogas*

(b) Este fenómeno é conhecido como **evolução divergente**.

(c) Um **exemplo** de uma estrutura homóloga é o membro pentadáctilo. O padrão pentadáctilo básico encontra-se em anfíbios, répteis, aves e mamíferos. A evolução divergente levou à modificação dos membros para diferentes usos, resultando em **radiação adaptativa**.

3.2.2 ESTRUTURAS SEMELHANTES

(a) As estruturas análogas são estruturas que desempenham funções semelhantes, mas não provêm de um antepassado comum.

(b) Este fenómeno é conhecido como evolução convergente. Os organismos (ou as suas estruturas corporais), devido a um ambiente semelhante, são mais semelhantes do que os seus antepassados (ou estruturas ancestrais).

Exemplos:

As patas dos gafanhotos e dos mamíferos.
As asas das borboletas e dos pássaros.

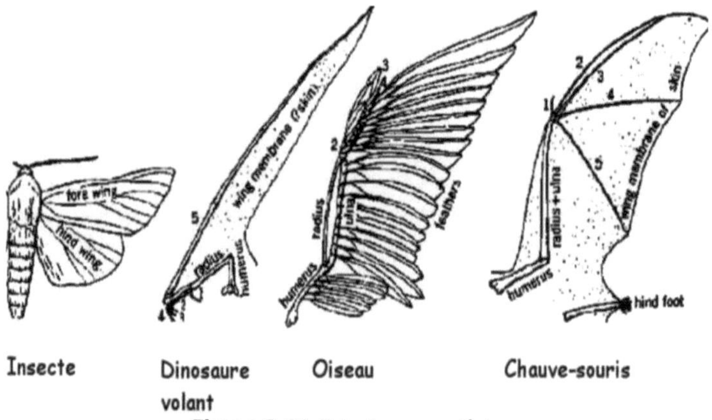

Figura 3.11 *Estruturas analógicas*

3.2.3 ÓRGÃOS VESTIGIAIS

Os órgãos vestigiais são os restos de estruturas que tinham funções importantes nos seus antepassados. Reduziram de tamanho porque as suas funções diminuíram ou já não são necessárias.

Alguns exemplos de órgãos vestigiais:

(a) O **ceco, o apêndice** e **o cóccix** nos seres humanos.

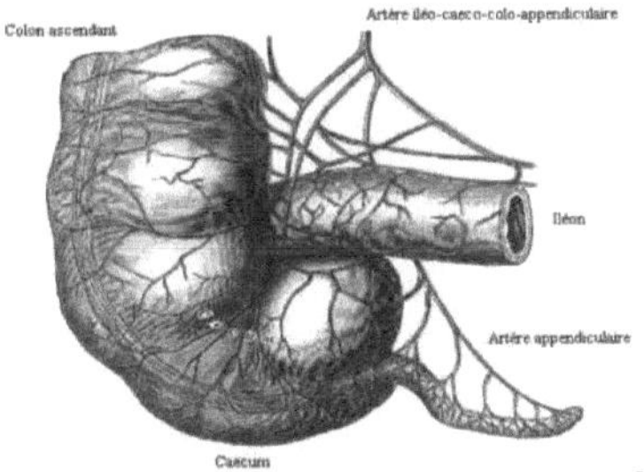

Figura 3.12 *O apêndice humano*

(b) Em algumas serpentes, existem dois pequenos ossos vestigiais de cada lado, representando o **ílio** e **o fémur** dos antepassados andantes.

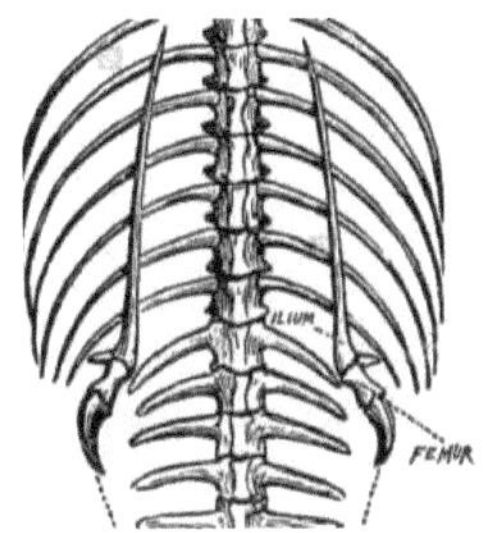

Figura 3.13 *Restos de um fémur ofídio*

(c) Restos de **ossos pélvicos** de baleias que perderam a sua função.

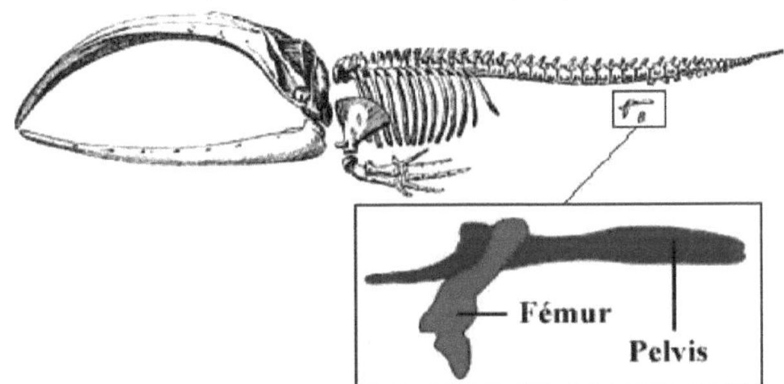

Figura 3.14 *Restos de um osso pélvico de baleia*

3.3 EMBRIOLOGIA COMPARATIVA

Embriologia comparada, a teoria do naturalista alemão Ernest Haeckel.

Ernest Haeckel
(1834-1919)

O desenvolvimento embriológico inicial dos animais vertebrados é semelhante e reflecte as origens evolutivas.

O embrião de uma classe superior, na sua totalidade ou em algumas das suas partes, passa por fases que reproduzem estados embrionários caraterísticos de animais sistematicamente inferiores.

Por exemplo, os vertebrados adultos podem ser muito diferentes uns dos outros, mas têm certas semelhanças estruturais, nomeadamente durante as fases embrionárias de clivagem, gastrulação e organogénese.

Por exemplo, todos os embriões de vertebrados passam por fases semelhantes às dos peixes, com fendas faríngeas. No entanto, nos seres humanos, estas desenvolvem-se nas trompas de Eustáquio e nas guelras dos peixes.

Surge assim a teoria da **ontogénese** (desenvolvimento do indivíduo), **que recapitula a filogenia** (desenvolvimento da espécie ou do grupo). O desenvolvimento embrionário inicial de um indivíduo reflecte as suas origens evolutivas.

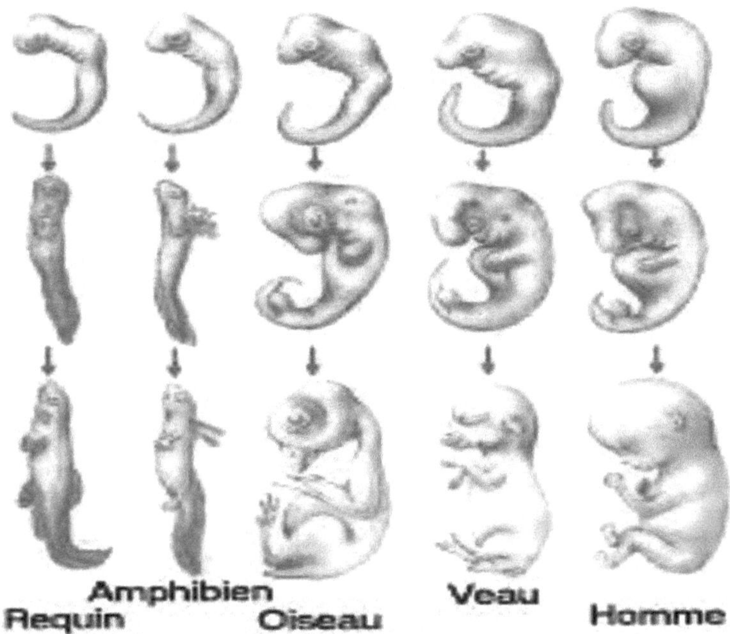

Figura 3.15 *Semelhança embrionária dos vertebrados*

Do mesmo modo, os anelídeos, moluscos e platelmintos desenvolvem-se através de uma larva trocófora.

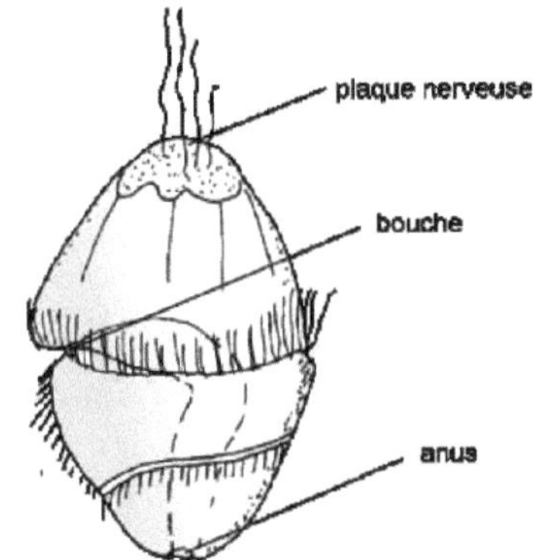

Figura 3.16 *Esquema de uma larva trocófora*

3.3 DISTRIBUIÇÃO GEOGRÁFICA

A biogeografia é o estudo da distribuição geográfica das espécies.

As espécies vegetais e animais são geralmente nativas de uma determinada área partilhada.

Há milhões de anos, os continentes separaram-se lentamente e mudaram de forma.

As plantas e os animais estreitamente relacionados foram dispersos da área de origem quando os continentes se separaram. Os organismos foram então isolados por barreiras físicas, como o oceano, o mar ou as montanhas.

As pressões de seleção em diferentes ambientes podem levar a população dispersa a adaptar-se aos seus novos nichos ecológicos. Estas populações evoluem gradualmente para se tornarem espécies distintas através da **radiação adaptativa**.

Existem muitos exemplos de espécies vegetais e animais estreitamente relacionadas que se encontram em partes do mundo muito separadas.

Exemplos

(a) Pensa-se que os membros da família dos camelídeos, os camelos do Norte de África e da Ásia e as "Llamas" da América do Sul, descendem de um antepassado comum na América do Norte.

(b) Os tentilhões de Darwin nas Ilhas Galápagos.

(c) Os diferentes tipos de peixes com **pulmões** (Dipneustes) em África, na América do Sul e na Austrália (Lepidosiren, Protopterus e Neoceratodus).

(d) Monotremes e Marsupiais

3.4 BIOQUÍMICA COMPARATIVA

O estudo das moléculas químicas em muitos organismos revelou homologias bioquímicas.

O grau de semelhança das homologias bioquímicas indica o grau de relação evolutiva.

Um exemplo é o **citocromo c**, em que a sequência exacta de aminoácidos no polipeptídeo foi determinada para diferentes animais, a fim de mostrar uma relação evolutiva.

Quadro 3.4 *Número de diferenças de aminoácidos com o citocromo c humano*

Organização	Número de aminoácidos diferentes dos humanos
Macaco Rhesus	1
Coelho	9
Vaca	10
Pombo	12
Drosófila	24
Levedura	42

Outro exemplo são os dados moleculares sobre a beta hemoglobina humana e a sua relação evolutiva com outros vertebrados. Os animais com menos diferenças no número de aminoácidos estão provavelmente mais intimamente relacionados na evolução.

Tabela 3.5 *Número de ácidos de diferença com a cadeia beta da hemoglobina humana*

Organização	Número de diferenças de aminoácidos em relação ao polipéptido de hemoglobina humana.
	Comprimento total da cadeia = 146 aminoácidos.
Macaco Rhesus	8
Cavalo, vaca	25
Rato	27
Galinha	45
Rã	67
Lampreia (peixe)	125

Verificou-se que todos os organismos vivos utilizam as mesmas moléculas biológicas para uma função semelhante.

Exemplos

(a) Os ácidos nucleicos ADN e ARN armazenam e expressam a informação genética.

(b) A maioria das **enzimas** é constituída por **proteínas globulares** e catalisa muitos tipos semelhantes de reacções bioquímicas.

(c) ATP, hidratos de carbono e gorduras utilizados para armazenar energia.

Estes sugerem uma ancestralidade comum a todos os organismos

O **relógio molecular** é um método de sincronização evolutiva. Baseia-se no conceito de que, ao longo da evolução, o número de substituições nos nucleótidos dos ácidos nucleicos (ADN ou ARN) e, por conseguinte, nos tipos de proteínas codificadas pelos ácidos nucleicos, é proporcional ao tempo.

3.5 HOMOLOGIA DO ADN

O ADN é o material genético presente nas células de todos os organismos. Este facto demonstra que todos os organismos têm origens semelhantes.

O código genético é universal: o mesmo código de ADN codifica os mesmos aminoácidos em quase todos os organismos.

Outra forma de o provar é comparar a sequência de nucleótidos do ADN dos genes. O número de sequências de genes de ADN semelhantes e diferentes é uma indicação da relação evolutiva entre organismos.

Outra forma de o provar é comparar a sequência de nucleótidos do ADN dos genes. O número de sequências de genes de ADN semelhantes e diferentes é uma indicação da relação evolutiva entre organismos.

As técnicas habitualmente utilizadas para comparar a homologia do ADN são a hibridação e a pintura cromossómica.

(a) A técnica de hibridação do ADN pode ser utilizada para comparar a sequência de bases nucleotídicas do ADN no genoma de diferentes organismos.

(b) Na coloração de cromossomas, sondas fluorescentes específicas são ligadas a partes específicas do ADN cromossómico. Pode ser utilizada para identificar a homologia interespecífica. As sondas fluorescentes ligadas ao ADN dos cromossomas de uma espécie são utilizadas para hibridação com o ADN de outras espécies.

PERGUNTAS DE REVISÃO

1. Explicar estes conceitos: paleontologia, estratigrafia, fósseis, fósseis de fácies, microfósseis, macrofósseis, eras geológicas, períodos geológicos, formas intermédias.
2. O que são estromatólitos?
3. Como é que os estromatólitos alteraram a vida na Terra?
4. Como se formaram os estromatólitos?
5. O que é uma extinção em massa?
6. Quais são as 5 grandes extinções?
7. Quais são as 5 causas da extinção de espécies?
8. Qual foi a maior extinção em massa?
9. O que é uma catástrofe de oxigénio?
10. Qual é a principal fonte de oxigénio?
11. O oxigénio é venenoso?
12. Que consequências teve a grande oxidação?
13. O que é que causou o desaparecimento das trilobites?
14. O que é um fóssil de amonite?
15. Onde está a amonite agora?
16. Cite alguns argumentos que os evolucionistas usam para apoiar a evolução dos seres vivos.
17. Explicar as 3 principais transformações observadas durante a evolução dos equídeos no período Terciário.
18. Explique pelo menos 5 caraterísticas que distinguem os seres humanos dos macacos antropóides.
19. O que é a hominização? Descreve as principais fases da hominização.
20. Utilize um exemplo para explicar a diferença entre analogia e homologia de estruturas anatómicas.
21. Como se explica o aforismo de Haeckel: "a ontogenia recapitula a filogenia"?
22. O que é um relógio molecular?

CAPÍTULO 4 TEORIAS EXPLICATIVAS DA EVOLUÇÃO

4.1 INTRODUÇÃO

Os factos sobre as adaptações, os documentos paleontológicos, as observações embriológicas, a anatomia comparada e outros factos que não fazem parte do nosso programa levam os evolucionistas a procurar a melhor explicação possível, a mais coerente na evolução, aquela que coordena o maior número de factos observados.

Se a evolução é um facto, é sobretudo um facto histórico. Uma coisa é observar que os seres vivos mudaram ao longo de inúmeras gerações, mas outra coisa é determinar as causas dessas variações.

Se tentarmos ir ainda mais fundo, podemos perguntar-nos como é que esta evolução aconteceu. É a estas tentativas de explicação que chamamos teoria da evolução.

Vamos analisar sucessivamente as principais teorias que foram sendo construídas, a partir de reflexões e investigações, e que persistem mais ou menos sob a forma de tendências nas tentativas modernas de explicar a evolução.

4.2 TEORIA DE LAMARCK

4.2.1 INTRODUÇÃO AO LAMRCKISMO

Jean Baptiste de Monet Chevalier de **Lamarck** (1744-1829), professor de Zoologia no Museu de História Natural de Paris, foi o primeiro a utilizar a ideia de **hereditariedade das caraterísticas adquiridas**, mais ou menos bem apresentada pelos seus antecessores (Aristóteles, Hipócrates, De Maupertuis, Linné, Buffon...), para explicar a transformação das espécies vivas.

Lamarck expôs a sua teoria no *discurso de abertura do seu curso de zoologia* no ano VII e desenvolveu-a na sua obra intitulada *Filosofia Zoológica,* 1809. É frequentemente apresentado como o **pai do** evolucionismo.

Lamarck foi encarregado de classificar as colecções do Museu de História Natural de Paris. Classificou os **invertebrados** em **10 grupos** e apercebeu-se de que as divisões entre os diferentes grupos eram muitas vezes artificiais. A transição de uma espécie para outra parece muitas vezes gradual. **O estudo dos fósseis** mostra também uma variação ao longo do tempo. Estas observações levaram-no a assumir uma relação real e histórica.

A teoria de Lamarck afecta, portanto, toda a natureza, fazendo derivar os minerais, os animais e as plantas de uma **fonte comum** que ele designa por **moléculas gelatinosas** e **mucilaginosas**, e isto sob a influência da **eletricidade**.

4.2.2 EXPLICAÇÕES LAMARCKIANAS

Lamarck baseia-se sobretudo em factos da natureza. Refere, por exemplo, o caso da **toupeira** e dos animais das cavernas. Se estes animais são cegos, diz ele, é porque no escuro não precisam de usar os olhos, que se atrofiaram gradualmente e deixaram de funcionar.

A **Girafa** tem um pescoço comprido porque vive em locais onde a terra quase árida, sem erva, a obriga a pastar nas folhas das árvores e a tentar continuamente esperar por elas.

Estas explicações podem ser compatíveis com os **factos paleontológicos**: os antepassados do cavalo tinham de percorrer rapidamente grandes áreas para fugir dos inimigos e procurar alimentos. **Com o passar do tempo**, o pé levanta-se e o dedo médio suporta a maior parte do peso do corpo, o que faz com que este dedo se torne mais forte e os dedos laterais não utilizados desapareçam gradualmente.

As explicações lamarckianas aplicam-se igualmente aos **factos embriológicos** e a outras **adaptações**.

Figura 4.1 Adaptação lamarckiana da girafa ao seu ambiente

4.2.3 DOUTRINA: LAMARCKISMO

A doutrina Iamarckiana pode ser resumida em dois princípios:

- **A adaptação do órgão ao meio vivo,** que pode ser explicada pela lei do uso e do não-uso: o meio impõe necessidades, e as necessidades dão origem a esforços e hábitos; o uso habitual de um órgão fortalece-o, e a falta de uso atrofia-o e fá-lo desaparecer.

Esta lei pode ser traduzida pelo aforismo: "a **necessidade cria o órgão"**.

- **Herança de caraterísticas adquiridas sob a influência do meio de vida**: para que as caraterísticas se tornem mais pronunciadas, devem ser transmitidas aos descendentes de geração em geração.

4.2.4 DEBATE, CRITICAS E OBJECÇÕES

Levantam-se por causa de uma lei ou de outra (ou de outro princípio):

É certo que o **ambiente** actua sobre o organismo, mas a função **não cria** um órgão; pode adaptá-lo, transformá-lo ou desenvolvê-lo. A lei do uso só pode aplicar-se a um órgão que já existe, não pode criá-lo. Esta lei **não** explica **o desenvolvimento de** órgãos incómodos, como os longos cornos que dificultam a marcha de algumas vacas.

Nenhuma experiência **foi capaz de** demonstrar **a hereditariedade das caraterísticas adquiridas**. Quando um ambiente actua sobre os órgãos não reprodutores, as variações não são hereditárias, são **somatizações**. Mas quando o ambiente actua sobre os órgãos reprodutores, elas são de qualquer tipo, como **as mutações**.

No estado atual dos conhecimentos, não se pode citar nenhum caso de hereditariedade de caraterísticas adquiridas. O grande mérito de Lamarck foi reunir numa única teoria os 3 grandes elementos da evolução:

- A sucessão dos seres vivos (relés e extinção).
- Uma longa duração permite-o.
- E um aperfeiçoamento do mundo vivo, do simples ao complexo, do menos perfeito ao mais perfeito.

A teoria de Lamarck tem atualmente apenas um interesse **histórico**.

4.3 A TEORIA DE DARWIN-WALLANCE

4.3.1 A VIAGEM A BORDO DO HMS BEAGLE

Em 1832, Charles Darwin (1809-1882) era o naturalista britânico que efectuou uma viagem de cinco anos por vários países, incluindo a costa leste da América do Sul, as Ilhas Galápagos, a Nova Zelândia, a Tasmânia e a África do Sul. Lendo o "Progress in Geology" de Lyell, estendeu o método e a conceção de Lyell à biologia. Trouxe consigo uma grande quantidade de documentação.

Darwin também tinha ficado impressionado com a leitura do livro do economista inglês Thomas Malthus, Essays on the Principle of Population (Ensaios sobre o Princípio da População). As ideias de

Malthus, segundo as quais os indivíduos se multiplicam numa progressão geométrica enquanto as quantidades de alimentos disponíveis apenas aumentam numa progressão aritmética, tiveram uma profunda influência em Darwin e estão na origem da noção de luta pela vida.

Nota: **HMS** é um navio da Royal Navy, Her Majesty's Ship ou His Majesty's Ship.

Estudou um grande número de flora e fauna que desconhecia. Examinou os fósseis encontrados nas rochas e descobriu que as diferentes formas de vida tinham sofrido muitas alterações. Nas ilhas vulcânicas das Galápagos, Darwin descobriu novas espécies de flora e fauna, diferentes das existentes no continente.

Quando regressou a Londres, durante muitos anos Darwin mostrou-se relutante em publicar as suas ideias. Foi finalmente persuadido por Alfred Wallace, outro naturalista que também tinha estudado a flora e a fauna durante as suas viagens noutros países. Darwin e Wallace apresentaram conjuntamente o seu trabalho "The *Theory of Evolution and* Natural *Selection"* à **Linnaean Society** em 1858.

No ano seguinte (1859), Darwin publicou o seu livro sobre *a Origem das Espécies por Meio da Seleção Natural,* apoiado nas extensas provas que tinha observado durante a sua viagem no HMS Beagle.

4.3.2 A DOUTRINA: O DARWINISMO

Charles Darwin e Alfred Wallace propuseram que as novas espécies se originam a partir de espécies pré-existentes através do mecanismo da seleção natural.

A teoria baseia-se em **três observações** e **duas deduções**.

- **Observaçãol**: Sobreprodução de descendentes

Os organismos produzem mais descendentes do que os necessários para substituir os progenitores.

- **ObservaçãoZ**: constância relativa dos números

O número de indivíduos na população natural tende a manter-se estável durante longos períodos.

- **Dedução**: Luta pela existência

Existe uma competição pela sobrevivência (a luta pela existência) numa população. Muitos indivíduos não conseguem atingir a maturidade e reproduzir-se.

- **Observações**: existe uma variação na população

Existem variações entre os diferentes indivíduos de uma dada espécie. Darwin distingue entre variabilidade **definida**, que ocorre da mesma forma em todos os indivíduos modificados, e **variabilidade indefinida**, que é aleatória, mínima e muda de um indivíduo para outro (mutações).

- **O que é que isto significa?** A sobrevivência do mais apto através da seleção natural.

Na luta pela existência, os indivíduos com as variações mais bem adaptadas ao ambiente natural que se vive no momento serão selecionados para sobreviver. Estes indivíduos têm uma vantagem reprodutiva e podem transmitir as suas caraterísticas aos seus descendentes. Ao longo do tempo, a mesma espécie pode dar origem a grupos suficientemente distintos para pertencerem a espécies diferentes.

4.3.3 EXEMPLO DE UMA GIRAFA

Tomando a girafa como exemplo, de acordo com a teoria de Darwin-Wallace, houve uma variação no comprimento do pescoço dos antepassados da girafa. Nos períodos de escassez de alimentos, comiam-se as folhas dos ramos mais baixos das árvores. Apenas as girafas com pescoços mais compridos conseguiam alcançar as folhas mais altas. A seleção natural favoreceria as girafas de pescoço comprido e estas sobreviveriam transmitindo as suas caraterísticas aos seus descendentes. As girafas de pescoço curto morreriam à fome.

Figura 4.2 *O exemplo da girafa: a necessidade de Lamarck cria o órgão e a sobrevivência do mais apto de Darwin.*

4.3.4 CRÍTICAS E OBJECÇÕES

A teoria de Darwin teve inicialmente um grande sucesso, mas

apercebeu-se de que levantava uma série de objecções e encontrava dificuldades consideráveis.

A seleção natural, tal como concebida por Darwin, não corresponde ao que acontece na natureza. A seleção natural é mais um fator de estabilidade do que de evolução, favorecendo o tipo médio.

As pequenas variações individuais que Darwin menciona são somatizações; não são hereditárias. Darwin e Wallace não conheciam o mecanismo da herança genética.

O darwinismo aceita a variabilidade dentro de uma espécie, mas não a explica. É difícil compreender como é que, a partir destas pequenas variações, podemos chegar a órgãos inteiramente novos, como as penas das aves?

O darwinismo, na sua forma antiga e clássica, entrou em colapso. No entanto, tal como o lamarckismo, continua a ocupar um lugar importante na história da biologia.

4.4 A TEORIA DE DE VRIES

4.4.1 OBSERVAÇÕES

Hugo de Vries estava a observar uma planta perto de Amesterdão, a Œnothera ou Prímula *(Œnothera Iamarckiana)*, cultivada em laboratório, e de repente viu aparecerem novas variedades, com as caraterísticas dessas variedades a serem transmitidas na totalidade aos seus descendentes. Chamou a estas variações hereditárias súbitas mutações.

4.4.2 DOUTRINA: MUTACIONISMO (1900)

Para De Vries, no seu livro **Die Mutationstheorie**, as mutações são as únicas variações reconhecidas como hereditárias; só elas têm valor evolutivo.

Nalguns casos, as variações bruscas levam à criação de novas espécies. A evolução deixou de ser progressiva.

4.4.3 CRÍTICAS E OBJECÇÕES

O mutacionismo está muito longe de explicar todas as caraterísticas da evolução do mundo vivo.

As mutações **são fortuitas**, **acidentais**, **indiferentes** e, por conseguinte, não têm qualquer significado evolutivo em si mesmas.

São geralmente **subtractivas**, nunca resultando no aparecimento de um novo órgão, e resultam não na aquisição mas na eliminação de boas caraterísticas.

As mutações **são variações de baixa amplitude** e nunca ultrapassam o âmbito da espécie.

4.5 A TEORIA SINTÉTICA DA EVOLUÇÃO

4.5.1 A NECESSIDADE DE UMA TEORIA SINTÉTICA

Foi no início dos anos 40 que se desenvolveu uma **teoria global** da evolução, conhecida como teoria sintética da evolução. Diz-se que é sintética porque integra descobertas e princípios de muitos domínios.

Os autores da teoria sintética moderna incluem :

- O estatístico e biólogo britânico R.A. Fischer (1890-1962), que demonstrou as regras de Mendel para a transmissão de caraterísticas hereditárias.
- O biólogo indiano de origem britânica J.B.S. Haldane (1892-1964), que estudou as regras da seleção natural.
- Outros cientistas contribuíram para o desenvolvimento da teoria sintética: o geneticista russo Theodosius Dobzhansky (1900-1975) e o geneticista americano Sewall Wright (1889-1988), o biogeógrafo alemão Ernst Mary (1904-2005), o paleontólogo americano George Gaylord Simpson (19021984), e o botânico americano G. Leydard Stebbins (1906-2000).

A teoria sintética envolve um grande número de factores que tornam difícil interpretar o seu alcance exato, mas as suas linhas gerais podem ser identificadas.

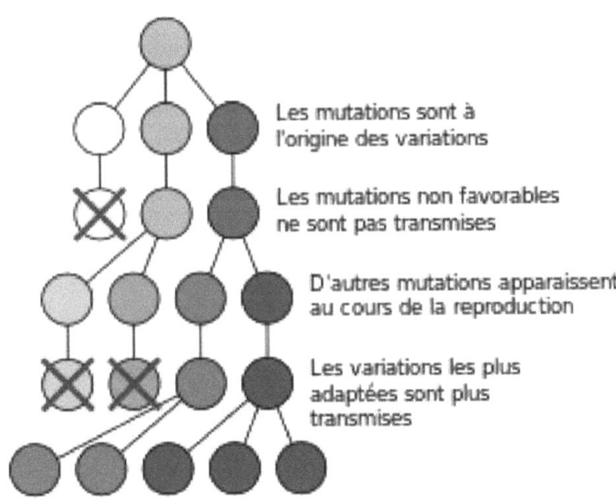

Figura 4.3 *Mutações e seleção natural*

4.5.2 MUTAÇÕES

As mutações são responsáveis pela formação de novos tipos, e estas mutações são uma verdadeira **fonte de variabilidade** dentro de uma população.

Mesmo que a maior parte delas tenha um efeito negativo, algumas podem, no entanto, apresentar uma ou outra vantagem num determinado ambiente. Estas mutações ocorrem inteiramente **ao acaso** e estão sujeitas ao controlo da **seleção natural**.

4.5.3 SELECÇÃO NATURAL

A seleção natural, enquanto **fator de eliminação** dos genótipos **menos aptos**, é responsável pela adaptação ao meio em que vivem.

4.5.4 ACÇÃO AMBIENTAL

A seleção natural é simplesmente a ação do meio ambiente sobre os seres vivos. O ambiente orienta a seleção no sentido de uma melhor adaptação. O ambiente tende a eliminar progressivamente as mutações desfavoráveis, mantendo apenas aquelas que proporcionam alguma vantagem aos indivíduos que as transportam.

A seleção é **conservadora** se o ambiente for constante; é **inovadora** em resposta a qualquer mudança no ambiente.

4.5.5 A IMPORTÂNCIA DO ISOLAMENTO

Uma grande população que ocupa uma grande área **evolui lentamente,** porque o cruzamento aleatório tende a manter um tipo médio. Mas se, num determinado momento, esta população se dividir em vários grupos geograficamente separados, cada grupo continuará a evoluir separadamente.

O isolamento também cria pequenas populações, cada uma seguindo o seu próprio caminho evolutivo, diferente do do outro grupo. É assim que nascem **variedades** ou **espécies** distintas a partir da população inicial.

O isolamento deve ser visto como um fator importante na diversificação.

Para que um grupo possa invadir um novo ambiente, deve possuir já estruturas que lhe permitam viver nesse ambiente. Para o biólogo genético francês **Lucien Cuénot**, a adaptação necessária deve ser anterior à instalação num determinado ambiente; é sempre uma pré-aptidão, uma pré-adaptação.

Lucien Cuénot
(1866-1951)

As populações isoladas estão sujeitas a novas influências ambientais e apresentam somatizações e mutações específicas que não são idênticas em todas as regiões. Como as condições ecológicas não são idênticas, a seleção natural não garante a predominância do mesmo genótipo.

4.5.6 MICROEVOLUÇÃO E MACROEVOLUÇÃO

As variações causadas pelo meio ambiente podem levar à formação de subdivisões inferiores na classificação: raça ou variedade, novas espécies, o que se designa por **microevolução**, porque as alterações não são muito significativas.

A macroevolução é aquela que revela os grandes tipos de organização correspondentes aos grupos superiores da classificação: géneros e filos.

Para a teoria sintética, o mecanismo permanece o mesmo: são as variações significativas das condições ambientais que criam rupturas no equilíbrio de adaptação que impõem novas modificações, que explicam o aparecimento de novos tipos.

4.5.7 FACTORES ENDÓGENOS

Os factores ambientais não cromossómicos não são suficientes para explicar a evolução. Ela envolve também **factores internos**.

Os cromossomas e **os genes** são os factores mais importantes da hereditariedade; são os portadores dos factores hereditários, mas é preciso notar que certos constituintes da matéria viva são portadores da sua própria hereditariedade.

O **estado físico-químico do** citoplasma também está envolvido na expressão de um gene e condiciona o sucesso e o resultado da síntese. Juntos, o **genoma** e o **citoplasma**, são necessários para a formação de um indivíduo.

4.5.8 RECOMBINAÇÃO GENETICA

A recombinação genética faz com que os genes se associem de forma diferente, produzindo fenótipos diferentes, que são depois influenciados pelo ambiente e pela seleção natural. Estas podem favorecer ou eliminar um ou outro gene.

4.5.9 CRÍTICA DA TEORIA SINTÉTICA

A teoria sintética representa um avanço considerável na nossa compreensão da evolução.

Mas esta não pode ser considerada a explicação definitiva do mecanismo da evolução. Ainda existem muitos pontos obscuros sobre o mecanismo da evolução.

Até agora, tem sido difícil compreender como é que as mutações e a seleção natural podem criar órgãos inteiramente novos, quando o que fazem é modificar e ampliar as funções existentes.

O mecanismo de mutação, tal como o entendemos até agora, não explica a evolução paralela de dois **órgãos coaptados**. **As coaptações** são adaptações de dois órgãos de origem diferente. Os órgãos copulatórios masculino e feminino são um bom exemplo de coaptação.

A combinação de mutação e seleção natural não retira a espécie do seu contexto.

A teoria sintética não explica a evolução **paralela** de órgãos complexos, como o olho, em diferentes linhagens, nem explica os muitos casos de evolução **convergente** ou **de extinção**.

No fim de contas, um mundo organizado não pode surgir do acaso e o determinismo da macroevolução continua a escapar aos biólogos.

4.6 A TEORIA NEUTRALISTA DA EVOLUÇÃO

4.6.1 PRINCÍPIO

Esta teoria postula que as mutações genéticas escapam à seleção natural e se propagam independentemente dela nas populações. De facto, muitas mutações não afectam as proteínas e as suas funções, quer porque dizem respeito ao ADN não codificante, quer porque modificam um aminoácido sem alterar o códão envolvido. Consequentemente, não induzem **qualquer vantagem** ou **desvantagem selectiva**.

A transmissão destas mutações neutras depende, portanto, de outros parâmetros (como o acaso), que se tornam tão importantes como a seleção natural. A teoria neutralista explica uma parte da diversidade genética.

Em biologia molecular, a teoria segundo a qual a maior parte do polimorfismo genético é o resultado de **mutações neutras** sem valor adaptativo particular; a evolução molecular dentro das populações depende, portanto, apenas da deriva genética aleatória.

A **teoria neutralista da evolução**, também conhecida como a **teoria da mutação e da deriva aleatória**, é uma teoria da evolução molecular segundo a qual a maioria das mutações são neutras e têm uma influência negligenciável no valor seletivo.

Explica a diversidade genética principalmente em termos de deriva genética e atribui à seleção natural apenas um papel ocasional, sem no entanto contestar a sua predominância do ponto de vista da evolução morfológica.

Motoo Kimura
(1924-1994)

Foi formalizada por **Motoo Kimura** a partir de 1968, antes de se tornar um dos pilares da evolução molecular. Em particular, **a hipótese de neutralidade**, *segundo a qual as mutações não têm influência no valor seletivo, é a hipótese nula geralmente adoptada nos trabalhos em que tal hipótese é necessária.*

Com base em modelos matemáticos de difusão, **Kimura** postulou que certas mutações genéticas conduzem a alterações a nível molecular (proteínas) que são neutras em termos de seleção natural. Na verdade, isso depende da posição da mutação na sequência de nucleótidos do

ADN. 72% das mutações sinónimas (silenciosas) envolvem um nucleótido na terceira posição.

Por outras palavras, estas mutações são seletivamente neutras porque as diferentes versões das proteínas codificadas não alteram a capacidade de adaptação do organismo ao seu ambiente. Da mesma forma, nos eucariotas, existem sequências não codificantes chamadas intrões, e as mutações nestas regiões também não têm qualquer efeito ou são neutras.

De um ponto de vista metodológico, demonstrar que uma mutação tem um valor adaptativo diferente do de outras mutações equivale a testar a hipótese de neutralidade segundo os modelos de difusão e a rejeitar essa hipótese.

Por outras palavras, a difusão da mutação na população é calculada utilizando as equações fornecidas pela teoria e o resultado obtido é comparado com as observações através de testes estatísticos. Se os resultados teóricos diferirem das observações, a mutação tem um impacto na adaptabilidade da população em causa.

Uma das implicações desta teoria é o facto de a evolução não conduzir necessariamente a um aumento da complexidade dos organismos. Nos organismos mais simples, como os procariotas, a evolução conduz a organismos mais complexos devido à **parede esquerda,** ou seja, ao limite mínimo viável de complexidade.

Mas, a partir de um certo nível de complexidade, esta teoria prevê **possíveis involuções**. Certas espécies de aranhas, por exemplo, perderam o seu comportamento social durante a evolução, o que corresponde a uma simplificação das interações destes organismos com os seus congéneres.

4.6.2 NEUTRALISTAS E SELECCIONISTAS

Embora alguns tenham visto esta teoria como anti-darwinista, Kimura e a maioria dos biólogos evolutivos concordam atualmente que as duas teorias são **compatíveis**.

Nesta teoria, a seleção natural **perde** o seu estatuto de fator evolutivo dominante e torna-se um de vários factores, incluindo **factores estocásticos** como a deriva genética.

O papel da seleção natural não é, no entanto, posto em causa pela teoria neutralista.

4.6.3 DISCUSSÃO DA TEORIA

A teoria neutralista da evolução tem **pontos fortes** e **fracos**

Um dos **pontos fortes da** teoria neutralista é o facto de englobar a teoria sintética da evolução. Além disso, pode explicar uma série de fenómenos observados.

Mas os cálculos utilizados para desenvolver os modelos matemáticos em que se baseia esta teoria são falhos: baseiam-se em hipóteses fortes, algumas das quais não são sistematicamente válidas. A teoria neutralista parte do princípio de que :

- A **taxa de** mutação é constante ao longo do tempo.
- **O tamanho da** população é constante ao longo do tempo.
- Verifica-se **o equilíbrio** mutação-deriva: o número de alelos perdidos por deriva genética é igual ao número de novos alelos produzidos por mutação.

A **taxa de** mutação não é constante em todo o ADN. Mas se nos limitarmos a sequências específicas, podemos assumir que a taxa de mutação se torna homogénea, em média, a longo prazo. Mesmo que, a curto prazo, sob certas condições de stress, por exemplo, esta taxa flutue de tempos a tempos.

Também sabemos que o tamanho da população é geralmente bastante constante, mesmo que isso não seja garantido em escalas de tempo **geobiológicas**, como durante convulsões ecológicas, ou seja, durante períodos de **extinção em massa** ou **radiação evolutiva**, quando esse tamanho da população é ocasionalmente perturbado.

Sabemos que o estado de equilíbrio mutação-deriva é amplamente respeitado, uma vez que a distância genética entre os diferentes filos permanece muito pequena.

PERGUNTAS DE REVISÃO

1. Como podemos resumir as grandes transformações que marcaram a evolução dos equídeos?
2. Quais foram os primeiros seres vivos e como se formaram? Qual é a sua idade aproximada?
3. O que significa "fixismo" ou "transformismo"?
4. Como podemos explicar as semelhanças entre a fauna e a flora dos dois continentes?
5. Por que os evolucionistas dão tanta importância aos peixes crossopterígeos do Devoniano?
6. Explique por que razão o período Secundário é designado por Idade dos Répteis?
7. Traçar as principais etapas da evolução das plantas e dos animais.
8. Explique os seguintes fenómenos: relé, ortogénese, convergência, paralelismo, extinção. Dê um exemplo para cada caso.
9. Quais foram os primeiros vertebrados conhecidos? Eram peixes?
10. Quais são as principais caraterísticas que diferenciam os seres humanos dos primatas antropóides? Existe alguma relação entre eles?
11. Duas classes de vertebrados são descendentes dos répteis. Quais são as duas?
12. Um rio atravessa a planície e depois entra numa gruta onde está sempre escuro. Em ambos os sítios, no rio, há peixes da mesma espécie, mas os da planície têm olhos normais e uma coloração verde, enquanto os da gruta não têm olhos nem pigmentação.
    Quais seriam as explicações de acordo com : Lamarck? Darwin?
13. A teoria de Lamarck é suficiente para explicar a evolução? Qual é o ponto de vista dos paleontólogos?
14. Um dos principais problemas colocados pelo estudo da evolução é a interdependência entre o germe e o soma.
    - Qual é o ponto de vista de Lamarck?
    - Qual é o objetivo de Darwin?
    - Qual é o ponto de vista neo-darwinista?
15. Que críticas podem ser feitas ao mutacionismo de De Vries?
16. Qual é a base da tese neo-darwinista?
17. Quais são as 3 principais fontes de variação hereditária?
18. Se aplicássemos a teoria de Darwin ao leão selvagem, este teria de se tornar cada vez mais forte de geração em geração. Discutir.
19. A pitão conservou os restos das suas patas (garras, osso coxal, fémur, etc.) entre as suas escamas ventrais. Explique este facto de acordo com Lamarck e os neo-darwinistas.

20. Que papel pode desempenhar o isolamento na evolução das espécies? Ilustra a tua resposta com um exemplo concreto.

21. Numa determinada fase do seu desenvolvimento, todos os vertebrados têm fendas branquiais, mas só os animais aquáticos as têm. Que teoria evolutiva pode ser usada para apoiar este facto? Justifica a tua resposta.

22. A girafa tem um pescoço muito comprido, o que parece ser uma consequência da evolução, pois há muito tempo que este animal se estica continuamente para alcançar as folhas suculentas das árvores. Comentário.

23. O Kiwi é uma pequena ave da Nova Zelândia que corre, mas as suas asas permanecem apenas sob a forma de vestígios. Como é que os evolucionistas interpretam estas estruturas inúteis?

24. A teoria sintética não podia explicar todos os problemas colocados pela evolução. Quais, por exemplo? Podemos pôr em causa o próprio facto da evolução?

25. Explique estes conceitos: extinção em massa, radiação evolutiva, tempo geológico, fator estocástico, parede esquerda e mutação neutra.

26. Em que princípio se baseia a teoria neutralista da evolução?

27. A questão da neutralidade do **Kimura** é posta em causa.

28. Contraste a teoria neutralista com a teoria da seleção natural.

29. Quais são os pontos fortes e fracos da teoria neutralista da evolução?

REFERÊNCIAS BIBLIOGRÁFICAS

LIVROS CONSULTADOS EM INGLÊS

A.J. Grove, G.E. Newell, J.D. Carthy, E.H. Mercer e P.F. Newell. Animal Biology. Oitava edição, University Tutorial Press LTD London. 910p

Ann Fullick, Halima Mwinshekhe, Mary Muddu, Seline Nyabua. *A Level Biology,* Longman Part of Pearson;2011. 488p

D.G. Mackean. *Introduction to Biology,* Third Tropical Edition, John Murray London; 2006. 256p

Dictionary of Contemporary English, New Edition for Advanced Learners (Dicionário de Inglês Contemporâneo, Nova Edição para Alunos Avançados). Longman/Person, Edimburgo; 2010. 2082p

Kenneth R. Miller e Joseph Levine. *Biology*, Pearson Prentice Hall, Boston;2006. 1146p

Lee Ching e J. Arunasalam. *Biologia,* Volume 2. Texto pré-U STPM, Pearson Longman ;2008.408p

MBV Roberts, *Biology a Functional Approach,* 4ª Edição, Nelson CHELTENHAM ;1986. 693p

Michael Kent. *Biologia Avançada,* 2ª Edição, Oxford University Press; 2013. 632p

Michael Roberts, Michael Reiss e Grace Monger. *Biology Principles and Processes,* Nelson Edinburgh;1993. 852p

MVB Roberts e TJ King. *Biologia: Uma Abordagem Funcional.* Manual do Estudante, 2ª Edição. Nelson 1987. 416p

Neil A. Campbell e James B. Reece. *Biology,* Eighth Edition, Pearson/Benjamin Cummings San Francisco2008. 1267p com Glossário e Índice.

Pete Kennedy e Frank Sochacki. *Biologia,* OCR Heinemann, Edimburgo; 2008. 273p

Peter H. Raven e George B. Johnson. *Biology,* Sixth Edition. Mac Graw Hill, Boston;202. 1238p com Apêndice, Glossário e Índice.

PUBLICAÇÕES EM LÍNGUA FRANCESA

COMBALUZIE C. *Introduction à la géologie,* Ed. Au Seuil, Paris 1961. 192 páginas.

PETIT C. et PREVOT G. *Génétique et évolution,* Herman, Paris 1970.

392 páginas GEVAERESTS H. *Biologie générale,* Université de

Kisangani, 1985. 334 páginas DEYSSON G. *Cours de botanique générale,* SEES, Paris 1964. 336 páginas CAMEFORT H. e GAMA A., *Sciences naturelles,* Hachette, Paris 1953. 670 páginas

LEHMAN J.P., *Les preuves paléontologiques de l'évolution,* PUF, Paris 1970. 476 páginas

LIMOGES C. La *sélection naturelle,* PUF, Paris, 1970. 184 páginas

DESIRE Ch. et al. *Sciences naturelles,* Bordas, Paris 1974. 488 páginas

MAGLOIR G. *Theillard et le Sinanthrope* Ed. Universités, Paris 1964. 64 páginas OPARINE A., *L'origine de la vie sur terre,* Masson, Paris 1965

FLORI J. et al. *Evolução ou criação?* Ed. SDT Lys 1974. 381 páginas

Wilhelm Nultsch, *Botanique Générale,* 10ª edição, De Boeck Université, Thème Verlag; 1998. 602p

André Beaumont e Pierre Cassier. *Trabalhos práticos de Biologia Animal,* Zoologia, Embriologia e Histologia. Dunod Paris;1998 502p

Bernard e Geneviève Pierre. *Dicionário Médico para as Regiões Tropicais.* Bureau d'Etudes et de Recherches pour la Promotion de la Santé, Kangu-Mayumbe/República do Zaire; 1987.871p

Cain, Damman, Lue, Yoon. *Découvrir la Biologie*, 2ª Edição, De Boeck Bruxelles; 2006. 728p com glossário e índice.

Max Aron e Pierre-Paul Grassé. *Biologie Animale*, Masson et Cie Editeurs, Pares 1966.1421p

Paul Duvignaud. *La Synthèse Ecologique*: Population, Communauté, Biosphère, Noosphère, Doin Paris; 174. 296p.

MENANT G.F. et G. *Ecologie Pays intertropicaux,* 1ère A B D. Hatier; 1975 Paris. 80 p

DAJOZ R. *Précis d'Ecologie*, Dunod Paris; 1970. 358p

Jean-Marie Pelt. *Le Tour du Monde d'un Ecologiste.* Fayard,1990. 488p

Le Petit Robert de la langue française. Versão eletrónica.

A **Bíblia**, *Tradução do Novo Mundo.* Edição revista de 2018 de Watch Tower Bible and Tract Society of Pennsylvania. 1834 p e Apêndices

Albert ALOMBA A.

Professora de química e de ciências da vida e da terra no Groupe Scolaire Consulaire Congolais em Kigali.

Números de telefone: +250788540257 e +250738540257

E-mails: alomba2@gmail.com e alomba2@yahoo.fr

I want morebooks!

Buy your books fast and straightforward online - at one of world's fastest growing online book stores! Environmentally sound due to Print-on-Demand technologies.

Buy your books online at
www.morebooks.shop

Compre os seus livros mais rápido e diretamente na internet, em uma das livrarias on-line com o maior crescimento no mundo! Produção que protege o meio ambiente através das tecnologias de impressão sob demanda.

Compre os seus livros on-line em
www.morebooks.shop

Printed by Books on Demand GmbH, Norderstedt / Germany